"十三五"职业教育系列教材

普通高等教育"十一五"国家级规划教材（高职高专教育）

火电厂金属材料
（第三版）

主　　编　路书芬　李立明
副 主 编　贺红梅　李　诣
编　　写　金长虹　郭国庆
主　　审　康纪仪　陈贻守

U0339351

中国电力出版社
CHINA ELECTRIC POWER PRESS

内 容 提 要

本书共分为三篇九章。第一篇为金属材料及热处理的基础知识，主要内容包括金属学基本知识、钢的热处理等；第二篇为火电厂常用金属材料，主要内容包括钢、铸铁、有色金属及其合金等；第三篇为金属材料的高温运行与监督，主要内容包括金属材料的高温性能与组织、锅炉和汽轮机主要零部件的选材及事故分析、火电厂金属技术监督等。每章后附有复习思考题。本书中包含了大容量、高参数机组所使用的金属材料，所有材料的牌号采用了最新的国家标准。

本书可作为高职高专热能动力工程技术、发电运行技术专业教材，也可供电厂运行、安装、检修、焊接及金属监督人员参考。

图书在版编目（CIP）数据

火电厂金属材料/路书芬，李立明主编．—3版．— 北京：中国电力出版社，2019.10（2024.1重印）

"十三五"职业教育规划教材普通高等教育"十一五"国家级规划教材．高职高专教育

ISBN 978-7-5198-3824-9

Ⅰ．①火⋯ Ⅱ．①路⋯ ②李⋯ Ⅲ．①火电厂-金属材料-高等职业教育-教材 Ⅳ．①TM621

中国版本图书馆 CIP 数据核字（2019）第 237456 号

中国电力出版社出版、发行

（北京市东城区北京站西街 19 号　100005　http://www.cepp.sgcc.com.cn）

北京雁林吉兆印刷有限公司印刷

各地新华书店经售

*

2005 年 7 月第一版

2019 年 10 月第三版　2024 年 1 月北京第十一次印刷

787 毫米×1092 毫米　16 开本　10.25 印张　244 千字

定价 **36.00** 元

扫一扫

拓展资源

前　言

为认真贯彻落实《国家职业教育改革实施方案》（职教 20 条）精神，着力推动职业教育"三教"（教师、教材、教法）改革，本书坚持突出职教特色、产教融合的原则，遵循技术技能人才成长规律，知识传授与技术技能培养并重，充分体现"精讲多练、够用、适用、能用、会用"的原则，主动服务于分类施教、因材施教的需要。

本书从工程实际出发，紧密联系生产实际，力求体现新技术、新工艺和新方法的应用，充分体现作业安全、工匠精神及团队合作能力的培养，不但适合于高等职业技术学院热能与发电工程类专业学习需要，也可作为相关专业领域技能型培训学员的培训教材和自学用书。

本书第一版于 2005 年 7 月出版，第二版被评为教育部职业教育与成人教育司推荐教材，并入选"十一五"普通高等教育国家级规划教材（高职高专教育）。本次修订增加了奥氏体等温度转变曲线绘制、Cu-Ni 相图的测定二维动画资源；感应加热表面淬火、退火和正火的加热温度范围、洛氏硬度测定原理、立方晶格等彩图，请扫码获取。

本门课程要求学生具备高素质劳动者和高中级专门人才所必须了解和掌握的火电厂金属材料的基础知识和常用金属材料的性能、运行与监督，主要内容包括金属材料的高温性能与组织、锅炉和汽轮机主要零部件的选材与事故分析、火电厂的金属技术监督等。在内容的叙述与组织上强调学生形成较强的分析问题和解决问题的能力，并注意渗透思想教育，培养学生爱岗敬业的职业道德观念。

本书在编写过程中努力贯彻以必须、够用为度的原则，在内容的编排上力求突出针对性和实用性，以讲清概念、强化应用为重点，使学生掌握相应的理论知识，具备较强的动手能力，培养能从事电厂运行、安装、检修、焊接及金属监督等工作的实用型职业技能型人才。本书中包含了近几年大容量、高参数机组所使用的金属材料，材料的牌号采用了最新的国家标准。

本书第一章由郑州电力高等专科学校李立明编写，第二章由郑州电力高等专科学校李诣编写，第三、四、六章由郑州电力高等专科学校路书芬编写，第五章由郑州电力高等专科学校金长虹编写，第七、九章由郑州电力高等专科学校贺红梅编写，第八章由郑州电力高等专科学校郭国庆编写。全书由路书芬统稿。

由于编者水平所限，书中疏漏之处在所难免，恳请读者批评指正。

编者

2021 年 6 月

第一版前言

本书为普通高等教育"十一五"国家级规划教材（高职高专教育）。

本书体现了职业教育的性质、任务和培养目标；符合职业教育的课程教学基本要求和有关岗位资格和技术等级要求；具有思想性、科学性、适合国情的先进性和教学适应性；符合职业教育的特点和规律，具有明显的职业教育特色；符合国家有关部门颁发的技术质量标准。本书既可以作为学历教育教学用书，也可作为职业资格和岗位技能培训教材。

全书共分为三篇九章，第一篇为金属材料及热处理的基础知识，主要内容包括金属学基本知识、钢的热处理；第二篇为火电厂常用金属材料，主要内容包括钢、铸铁、有色金属及其合金等；第三篇为金属材料的高温运行与监督，主要内容包括金属材料的高温性能与组织、锅炉和汽轮机主要零部件的选材及事故分析、火电厂金属技术监督等。

本书第一章由郑州电力高等专科学校李立明编写，第二章和第三章（第七、八节除外）由郑州电力高等专科学校金长虹编写，第四（第一节除外）、五、六、九章由河南省电力公司培训中心崔朝英编写，第七、八章由大唐洛阳首阳山发电厂黄江洪编写，第三章中第七、八节和第四章中第一节由郑州电力高等专科学校郭国庆编写。全书由崔朝英统稿。

本书由重庆电力高等专科学校的康纪仪教授和郑州电力试验研究所的高级工程师陈贻守主审，他们提出了许多宝贵的意见和建议，使编者受益匪浅，特此表示诚挚的谢意。

本书在讨论编写大纲过程中，得到华北电力大学安江英教授的帮助和支持，在此表示衷心的感谢。

由于编者水平所限，书中不妥之处在所难免，恳请读者批评指正。

编者

2009 年 5 月

目　　录

第三篇　金属材料的高温运行与监督

第一篇 金属材料及热处理的基础知识

第一章 金属学基本知识

第一节 金属材料的性能

金属材料的性能包括使用性能和工艺性能。使用性能是指金属材料在正常使用条件下应具备的性能，包括力学性能和物理、化学性能；金属材料对各种冷、热加工过程的适应能力称为工艺性能，包括铸造、锻造、焊接、热处理和切削性能等。优良的使用性能和良好的工艺性能是选材的基本出发点。本节主要介绍金属材料的常温力学性能和工艺性能。

一、金属材料的常温力学性能

力学性能是指金属材料在外力作用下所表现出来的抵抗变形和破坏的能力。金属在常温时的力学性能指标有强度、塑性、硬度、冲击韧性、疲劳强度和断裂韧性等。这些性能指标均是通过一定的试验方法测定出来的。

（一）强度和塑性

强度和塑性是通过拉伸试验测定的。拉伸试验是在拉伸试验机上进行的。它是把一定尺寸和形状的金属试样装夹在拉伸试验机上，对试样进行轴向静拉伸，使它不断产生变形，直到拉断为止。

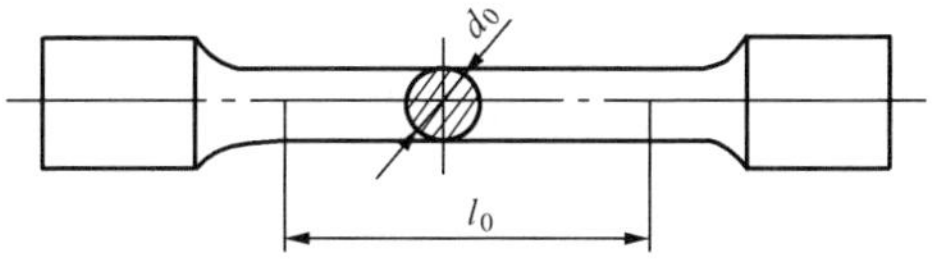

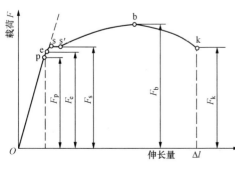

图 1-1 拉伸试样

d_0—圆形试样平行长度部分的原始直径，mm；
l_0—试样原始标距长度，mm

拉伸试验常用的试样截面为圆形，如图 1-1 所示。依照国家标准，拉伸试样可做成长试样或短试样。对圆截面试样而言，长试样 $l_0 = 10d_0$，短试样 $l_0 = 5d_0$。

从试样变形到拉断，可通过自动记录装置把载荷和伸长量的关系用曲线表示出来，该曲线即为力-伸长曲线，如图 1-2 所示。

由力-伸长曲线可以看出，金属材料在外力作用下所引起的变形和破坏的过程大致可分为弹性变形阶段、弹-塑性变形阶段和破坏阶段三个阶段。下面就根据力-伸长曲线介绍几种重要的力学性能指标。

1. 强度

材料的强度是指材料在静载荷作用下抵抗塑性变形和断裂的能力。用单位面积上所受力的大小来表示。强度指标主要有屈服强度 R_e 和抗拉强度 R_m。

（1）材料承受外力时，当外力不再增加而仍继续发生塑性变形的现象，称为"屈服"。开始产生屈服现象时的应力，称为屈服强度，又称为

图 1-2 低碳钢的力-伸长曲线

屈服点，用 R_e 表示，旧标准用 σ_s 表示，即

$$R_e = \frac{F_s}{S_0} \qquad (MPa)$$

式中　F_s——试样开始产生屈服时的载荷，N；

　　　　S_0——试样原始横截面积，mm^2。

屈服强度反映了材料抵抗塑性变形的能力，可分为上屈服强度和下屈服强度。上屈服强度是指试样发生屈服而外力首次下降前的最高应力，用符号 R_{eH} 表示；下屈服强度是指在屈服期间，不计初始瞬时的最低应力，用符号 R_{eL} 表示。有些金属材料（如高碳钢、弹簧钢等）在拉伸过程中没有明显的屈服现象。为了确定各种材料的屈服极限，工程上常用残留变形量为（0.2%） l_0 时的应力值作为条件屈服强度，用 $R_{p0.2}$ 表示（旧标准用 $\sigma_{0.2}$ 表示）。

屈服强度是工程上最重要的力学性能指标之一，也是设计零件时选用材料的依据。例如设计锅炉主要承压部件时，选用许用应力时就是以屈服强度（或条件屈服强度）作为依据的；设计汽轮机汽缸盖螺栓时，也是以屈服极限为依据的，为了保证汽缸的密封性，螺栓所承受的应力不允许大于材料的屈服强度。

（2）抗拉强度指试样在拉断前所承受的最大应力，用 R_m 表示，旧标准用 σ_b 表示。它表示零件在外力作用下抵抗断裂的能力，即

$$R_m = \frac{F_b}{S_0} \qquad (MPa)$$

式中　F_b——试样断裂前承受的最大载荷，N。

R_m 越大，材料抵抗断裂的能力就越大，即强度越高。金属材料绝不能在承受超过其抗拉强度的载荷下工作，因为这样会很快导致破坏。R_m 也是设计零件的重要依据，其大小是设备运转时零件安全的保证。

由于大多数机械零件设计时都以不发生塑性变形为原则，因此 R_e 显得更重要。

在工程上使用的金属材料，不仅要求高的屈服强度 R_e，同时还要求具有一定的屈强比，即 R_e/R_m。屈强比越小，零件的可靠性就越高，一旦超载，也能由于塑性变形使材料的强度提高而不致立刻断裂；但屈强比太小，则材料的强度利用率太低，造成浪费。对于弹簧钢来说，则要求高的屈强比。

2. 塑性

塑性是指金属材料产生塑性变形而不破坏的能力。拉伸试验所测得的塑性指标有断后伸长率和断面收缩率。

（1）试样被拉断后，伸长的长度同原始长度之比的百分率，称为断后伸长率，用 A 表示，旧标准用 δ 表示，即

$$A = \frac{l - l_0}{l_0} \times 100\%$$

式中　l——试样拉断后的长度，mm；

　　　　l_0——试样原始长度，mm。

A 值的大小与试样尺寸有关，随着其计算长度的增大而减小，即对于同一材料，短试样所测得的断后伸长率要比长试样所测得的断后伸长率大。

（2）试样被拉断后，断面缩小的面积与原截面面积之比的百分率，称为断面收缩率，用

Z 表示，旧标准用 ψ 表示，即

$$Z = \frac{S_0 - S}{S_0} \times 100\%$$

式中 　S_0——试样的原始截面积，mm^2；

　　　S——试样断口处的截面积，mm^2。

断面收缩率与试样尺寸无关，能更可靠、更灵敏地反映材料塑性的变化。

通常以断后伸长率 A 的大小来区别塑性的好坏，$A > 5\%$ 的材料称为塑性材料，如铜、钢等；$A < 5\%$ 的材料称为脆性材料，如铸铁、混凝土等。纯铁的 A 值几乎可达 50%，而普通生铁的 A 值还不到 1%，低碳钢的 A 值为 $20\% \sim 30\%$，Z 约为 60%。

（二）硬度

硬度是指金属表面抵抗其他更硬物体压入的能力。金属材料的硬度越高，其表面抵抗塑性变形的能力就越强，塑性变形就越困难。

硬度试验一般以一个极硬的球体或锥体压入金属的表面，以压痕的面积或深度来衡量金属材料硬度的大小。硬度试验简单易行，也不损坏零件，所以在生产和科研中应用很广。这里介绍布氏硬度试验法、洛氏硬度试验法和里氏硬度试验法。

1. 布氏硬度

布氏硬度值是由布氏硬度试验法测定的，其原理见图1-3。该方法是在直径为 D 的钢球或硬质合金球上施加一定载荷 F，使钢球压入被测金属表层，经规定持续时间后卸除载荷，测定压痕直径 d，以球冠形压痕单位面积所承受的平均负荷作为布氏硬度 HB 值，即

$$HB = 0.102 \frac{2F}{\pi D \left(D - \sqrt{D^2 - d^2}\right)}$$

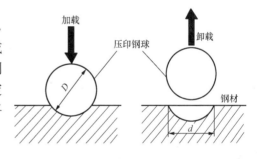

图1-3　布氏硬度测试原理

式中 　F——所加载荷，N；

　　　D——压头直径，mm；

　　　d——压痕直径，mm。

由于试验材料的种类、硬度和试样厚度等不同，试验时使用载荷的大小、钢球直径及载荷停留时间也就不一样，如表1-1所示。

表 1-1　　　　　　　　　　　　　　测定布氏硬度应遵守的条件

金属种类	布氏硬度值范围	试样厚度 /mm	载荷 F（kgf）与钢球直径 D 的关系	钢球直径 D /mm	载荷 F /N	负荷保持时间 /s
钢铁	$140 \sim 450$	$6 \sim 3$	$F = 30D^2$	10.0	29 420	10
		$4 \sim 2$		5.0	7355	
		< 2		2.5	1839	
	< 140	> 6	$F = 10D^2$	10.0	9807	10
		$6 \sim 3$		5.0	2452	
		< 3		2.5	613	

续表

金属种类	布氏硬度值范围	试样厚度/mm	载荷 F（kgf）与钢球直径 D 的关系	钢球直径 D/mm	载荷 F/N	负荷保持时间/s
非铁金属	>130	6～3	F=30D²	10.0	29 420	30
		4～2		5.0	7355	
		<2		2.5	1839	
	36～130	9～3	F=10D²	10.0	9807	30
		3～6		5.0	2452	
		<3		2.5	613	
	8～35	>6	F=2.5D²	10.0	2452	60
		6～3		5.0	613	
		<3		2.5	153	

注　1kgf=9.807N。

测定布氏硬度时，可根据载荷 F、钢球直径 D 以及测得的压痕直径 d，直接从布氏硬度表中查得 HB 值（见附录 A），且习惯上不标注单位。布氏硬度值的书写表示方法应包含下列几个部分：①硬度数据；②布氏硬度符号；③球体直径；④载荷；⑤载荷保持时间（10～15s 不标注）。当压头为钢球时（用于 HB≤450 的材料），布氏硬度符号为 HBS；当压头为硬质合金球时（用于 HB=450～650 的材料），布氏硬度符号为 HBW。

例如，120HBS10/1000/30，表示直径 10mm 的钢球在 9.807kN（1000kg）载荷的作用下，保持了 30s 测得的布氏硬度值为 120。

对于碳钢与一般合金钢，HB 值与 R_m 值间可用近似公式进行换算：

当 HB<175 时，R_m=3.6HB（MPa）；

当 HB≥175 时，R_m=3.5HB（MPa）。

由于布氏硬度试验的压痕面积较大，因此布氏硬度能反映较大范围内的平均硬度，有很高的测量精确度和测量数据稳定性。但试验操作比较费时，不宜用于大批逐件检验以及某些不允许表面有较大伤痕的零件。

2. 洛氏硬度

洛氏硬度值由洛氏硬度试验测定。其原理是用一个锥角 120° 的金刚石圆锥体或一定直径的钢球为压头，在规定载荷的作用下，压入被测金属表层，一定时间后卸除载荷，由留下的压痕深度来确定其硬度值，并定义为洛氏硬度，记为 HR。试验时，由于试验机巧妙地运用了杠杆原理并进行了数据处理，操作者可直接在试验机表盘上读出其硬度值。材料越硬，洛氏硬度值就越大。

根据压头和主载荷的不同，构成了 A、B、C 三种硬度标尺，见表 1-2。

表 1-2　　　　　　　常用洛氏硬度值符号及试验条件和应用举例

标尺	硬度符号	压头型号	初载荷＋主载荷＝总载荷/N	常用范围	应用举例
A	HRA	金刚石圆锥	98.07＋490.3=588.4	70～85	碳化物、硬质合金、表面淬火钢等
B	HRB	钢球 φ1.588	98.07＋882.6=980.7	25～100	软钢、退火钢、铜合金等
C	HRC	金刚石圆锥	98.07＋1 373=1 471	20～67	淬火钢、调质钢等

洛氏硬度值无单位，它置于符号 HR 的前面，HR 后面为使用的标尺。例如，50HRC

表示用 C 标尺测定的洛氏硬度值为 50。

洛氏硬度的优点是操作简便，可以直接读出硬度值；压痕小，几乎不伤工件表面。洛氏硬度法是目前生产中应用最广的硬度测试方法。这种方法的缺点是压痕小，所测硬度值离散性较大，因此，最好多测几个点，取其平均值。洛氏硬度试验法适合测量较硬材料的硬度。

3. 里氏硬度

里氏硬度值是用里氏硬度计来测定的，里氏硬度计主机结构如图 1-4 所示。其原理是在一定载荷的作用下，使装有碳化钨球的冲击测头冲击被测金属表面，测量冲击测头距试样表面 1mm 处的冲击速度与回跳速度。里氏硬度值是以冲击测头回跳速度与冲击速度之比来表示的，即

$$HL = 1000 \frac{V_b}{V_a}$$

式中　HL——里氏硬度值；

　　　V_a——冲击测头冲击速度；

　　　V_b——冲击测头回跳速度。

试验方法如下：

（1）打开电源开关。

（2）设置程序。

（3）进行测试。先将加载套向冲击端方向压缩至底部。冲击体被抓住，再恢复加载套管至原位。用拇指和食指捏在外壳上，然后将支撑环平稳压紧在试件被测部位表面。当主机试件和操作者都稳定后，轻轻向下按启动按钮，使冲击体释放，冲击体在冲击弹簧推动下，冲击试件表面并回弹，液晶屏显示测试值，并将此测试值存储，至此测试完成。

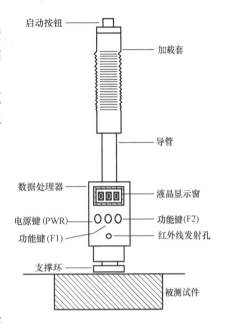

图 1-4　里氏硬度计主机结构

里氏硬度计测试精确度高、体积小、易于携带和现场操作，可以从任何方向测试工件，可测试复杂的大型工件；但对于那些小、轻、薄或形状特殊复杂的工件，测试有一定的困难或测试误差较大。

（三）冲击韧性

冲击韧性是金属材料在冲击载荷作用下表现出来的抵抗破坏的能力。所谓冲击载荷，就是在极短的时间内有很大幅度变化的载荷。

目前普遍使用的冲击韧性的测定方法是一次摆锤弯曲冲击试验。试验用的标准试样为梅氏试样，如图 1-5 所示。试验时，将试样放在试验机的两个支撑上，使其缺口背向摆锤的冲击方向，然后将重量为 G 的摆锤抬到 h_1 的高度（见图 1-6），摆锤由此高度下落，将试样冲断，并升起到 h_2 的高度，因此，冲断试样所消耗的功为

$$K = G(h_1 - h_2) \qquad (J)$$

可以从试验机的刻度盘上直接读出冲击吸收能量 K 值，单位为焦耳。V 形缺口试样和 U 形缺口试样的冲击吸收能量分别用 KV 和 KU 表示。

金属的冲击韧性就是冲断试样时，在缺口处单位面积上所消耗的冲击功，即

$$\alpha_k = \frac{K}{S_0} \qquad (J/cm^2)$$

式中　S_0——试样缺口处横断面面积，cm^2。

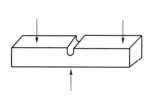

图 1-5　梅氏冲击试样

[试样尺寸（mm）：

10×10×50；槽深 2；槽宽 2]

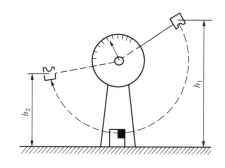

图 1-6　冲击试验原理

对于承受冲击载荷的零件，要求具有一定的 α_k 值，以保证零件使用时的安全，但 α_k 值不能直接用于零件的设计，α_k 值取值范围以 29～49J/cm^2 为宜。在火电厂设备中，有些零件的 α_k 取值范围要求较高，如调速汽门螺栓，当 α_k＜58.8J/cm^2 时，就规定必须更换。温

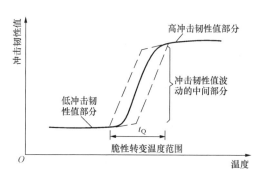

图 1-7　温度对钢的冲击值的影响

度对材料冲击韧性的影响很大。实践证明，某些结构钢在一定的温度范围内，会发生 α_k 值急剧下降的所谓冷脆现象，如图 1-7 所示。图中，t_Q 称为脆性转变温度范围。它表明材料在这一温度范围从韧性状态向脆性状态转变。显然，t_Q 越低，该材料在低温工作条件下的冲击韧性就越好，这对于寒冷地区和低温下工作的零件是必须的。即使某些零件的工作温度较高，如汽轮机低压转子，因安装、试验、冷态启动等工作的需要，也要求材料具有较低的

t_Q。因此，在火电厂设备中，发电机转子、汽轮机转子和叶轮，除了要求材料具有良好的综合性能外，还要求材料具有较低的脆性转变温度范围。从 20 世纪 70 年代后期起，还专门把断口上韧、脆性断面各占 50％的温度定义为 $FATT_{50}$，并作为转子的验收项目。研究发现，它受多种因素的影响。低碳钢的 $FATT_{50}$ 较低，随着含碳量的增加，$FATT_{50}$ 依次增高；磷的影响很大，0.025％的磷可使 $FATT_{50}$ 提高 60℃；而铬、镍、钼、锰均能适当地降低 $FATT_{50}$；钢的晶粒越细，$FATT_{50}$ 就越低。

（四）疲劳强度

金属材料在远低于其屈服强度的交变应力长期作用下发生的断裂现象，称为金属的疲劳。绝大多数机械零件的破坏主要是疲劳破坏，如齿轮、汽轮机叶片、轴以及某些焊接件的破坏等。其特点是：①引起疲劳断裂的应力低于静载荷下的 R_e；②疲劳断裂时无明显的宏观塑性变形，而是突然破坏，具有很大的危险性；③疲劳断面上显示出裂纹源（疲劳源）、裂纹扩展区（光亮区）和最后断裂区（粗糙区）三个组成部分，如图 1-8 所示。图中的光亮区就是指裂纹不断扩

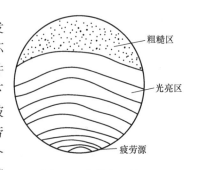

图 1-8　疲劳断口特征

展时，裂纹经过多次张开、闭合，并由于裂纹表面的相互摩擦，形成了一条条光亮的弧线；粗糙区则是最后断裂区。

一般认为疲劳断裂的原因是零件应力集中严重或材料本身强度较低的部位（裂纹、夹杂、刀痕等缺陷处）在交变应力的作用下产生了疲劳裂纹，随着应力循环次数的增加，裂纹缓慢扩展，有效承载面积不断减小，当剩余面积不能承受所加载荷时，发生突然断裂现象。

显然，金属材料所承受的交变载荷越大，材料的寿命就越短；反之，则越长。当应力值降至某一值时，材料可经受无数次的应力循环而不断裂。金属材料在长期（无数次）经受交变载荷作用下，不会引起断裂的最大应力，称为疲劳强度，用符号 S 表示，单位为 MPa。

实际上，不可能让材料经受无数次的应力循环，所以生产上把能经受 $10^6 \sim 10^8$ 次循环而不断裂的最大应力作为疲劳强度。当交变应力对称循环时，用符号 σ_{-1} 表示。

影响材料疲劳强度的因素很多，除了材料本身的成分、组织结构和材质等内因外，还与零件的几何形状、表面质量和工作环境等外因有关。因此，优化零件设计，改善表面加工质量，采取喷丸、滚压、表面热处理等工艺，均能有效地提高零件的疲劳强度。

（五）断裂韧性

有些高强度钢制造的零件和中、低强度钢制造的大型件，往往在工作应力远低于屈服强度 R_e 时就发生脆性断裂。这种在 R_e 以下的脆性断裂称为低应力脆断。大量工程事故和试验表明，低应力脆断是由材料中宏观裂纹的扩展引起的。在金属材料及其结构中，这种宏观裂纹的出现是难免的，它可能是金属材料在冶炼和加工过程中产生的，也可能是在零件使用过程中产生的。

材料中存在裂纹时，裂纹尖端就是一个应力集中点，而形成裂纹尖端应力场。按断裂力学分析，其大小可用应力强度因子 K_1 来描述。K_1 越大，则应力场的应力值越大。K_1 值与外加应力（σ）和裂纹尺寸（$2a$）的关系为

$$K_1 = Y\sigma\sqrt{a} \qquad (\text{N/mm}^{3/2})$$

式中　Y——与裂纹形状、试样几何尺寸及加载方式有关的一个无量纲的系数（一般为 $1 \sim 2$）；

　　　σ——外加应力，N/mm^2；

　　　a——裂纹的半长，mm。

由上式可见，K_1 随 σ 的增大而增大，当 K_1 增加到某一定值时，可使裂纹前沿的内应力大到足以使材料分离，从而导致裂纹失稳扩展使材料脆断。这个应力强度因子的临界值，称为材料的断裂韧性，用 K_{IC} 表示。

根据应力强度因子 K_1 和断裂韧性 K_{IC} 的相对大小，可判断存在裂纹的材料在受力时，裂纹是否会扩展而导致断裂。当 $K_1 > K_{IC}$ 时，裂纹失稳扩展，发生脆断；当 $K_1 < K_{IC}$ 时，裂纹不扩展或扩展很慢，不发生快速脆断；当 $K_1 = K_{IC}$ 时，裂纹处于临界状态。

K_{IC} 表明了材料抵抗裂纹扩展的能力，即有裂纹存在时，材料抵抗脆性断裂的能力。

二、金属材料的工艺性能

金属制品和机械零件在制造过程中都要经过熔炼、铸造、锻造、焊接以及切削加工和热处理等一系列的工艺过程。工艺性能好的金属材料易于承受加工，生产成本低；工艺性能差的金属材料在承受加工时工艺复杂，成本高。

（一）铸造性能

将液态金属浇铸到铸型型腔中，待其冷却凝固后，获得一定形状的毛坯或零件的方法，称为铸造。铸造是现代机器制造业的基础之一，各种机械设备的底座，汽轮机、发电机的机壳，阀门，磨煤机的耐磨件等都是通过熔炼、铸造而得到的。液体金属浇铸成型的能力，称为金属的铸造性能。流动性好、收缩率小和偏析（金属材料凝固后化学成分不均匀的现象）小的金属材料铸造性能好。

（二）锻造性能

金属材料在压力加工时，能承受一定程度的变形而不产生裂纹的能力，称为可锻性能。钢能承受锻造、轧制、拉拔、挤压等加工，可锻性能好。塑性及韧性很低的金属和合金不能锻压加工。

（三）焊接性能

在火电厂中有大量金属结构件是用焊接方法连接的，如锅炉管道、支架、蒸汽导管、风管、汽包、联箱等。金属材料获得优质焊接接头的能力，称为金属的焊接性，也称可焊性。焊接性能的好坏，主要以焊接有无裂纹、气孔等缺陷以及焊接接头的力学性能来衡量。

影响钢的焊接性能的主要因素是钢的含碳量。随着含碳量的增加，焊后产生裂纹的倾向增大。钢中其他合金元素的影响相应小些。将合金元素对焊接性的影响都折合成碳的影响，即为碳当量(C_e)。碳当量的计算公式为

$$C_e = C + \frac{Mn}{6} + \frac{Cr + Mo + V}{5} + \frac{Ni + Cu}{15} \quad (\%)$$

式中　C、Mn、Cr、Mo、V、Ni、Cu——钢中该元素的百分含量。

当 $C_e < 0.4\%$ 时，焊接性优良，焊接时可不预热；当 $C_e = 0.4\% \sim 0.6\%$ 时，焊接性较差，焊接时需采用适当预热等工艺措施；当 $C_e > 0.6\%$ 时，焊接性很差，焊接时需采用较高的预热温度和较严格的工艺措施。

（四）切削性能

金属零件往往要经过机械加工成型，如车、铣、刨、磨、钻、镗等。金属材料承受切削加工的难易程度，称为切削性能。切削性能不但包括能否得到高的切削速度、是否容易断屑，还包括能否获得较高的表面质量等。

金属材料的工艺性能还包括热处理性能，如淬透性等，将在本书第二章中叙述。

第二节　金属的晶体结构

一、纯金属晶体结构的基本类型

固态物质可分为晶体和非晶体两大类。晶体是指其原子（离子或分子）具有规则排列的物质。通常，固态金属都是晶体。

为了便于研究各种晶体中原子排列的规律，通常把原子看成一个个处于静止状态的刚性小球，然后用假想的线条把各原子的中心连接起来，便构成如图 1-9 所示的空间格架，称为结晶格子，简称晶格。晶格中取出一个能代表晶格特征的最基本的单元，称为晶胞，如图

1-10 所示。晶格的特征可以用晶格常数来描述，晶格常数包括晶胞的各边尺寸——a，b，c，及三个邻边的夹角——α，β，γ。晶体是由晶胞周期性地重复堆砌而成的。

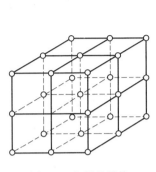

图 1-9 金属的晶格

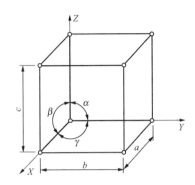

图 1-10 晶胞的表示法

金属的晶格类型很多，其中最常见的是体心立方晶格、面心立方晶格、密排六方晶格，如图 1-11 所示。

1. 体心立方晶格

如图 1-11（a）所示，体心立方晶格的晶胞是棱长为 a 的立方体，它的 8 个顶角和中心位置各占据着 1 个原子。由于每个顶点的原子为相邻的 8 个晶胞所共有，所以每个晶胞内实际上只含有 $\frac{1}{8} \times 8 + 1 = 2$ 个原子。

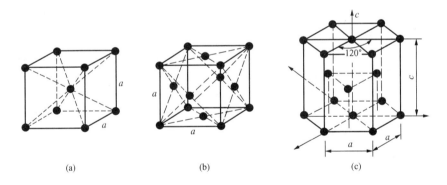

(a) (b) (c)

图 1-11 金属中常见的三种晶格

（a）体心立方晶格；（b）面心立方晶格；（c）密排六方晶格

具有体心立方晶格的金属有 α-Fe、Cr、Mo、W、V、Nb 及 δ-Fe 等。

2. 面心立方晶格

如图 1-11（b）所示，面心立方晶格的晶胞仍为棱长为 a 的立方体，但在 8 个顶角和 6 个面的中心各有 1 个原子，它们分别为 8 个和 2 个晶胞所共有，这类晶格每个晶胞实际上只含有 $\frac{1}{8} \times 8 + \frac{1}{2} \times 6 = 4$ 个原子。

具有面心立方晶格的金属有 γ-Fe、Au、Ag、Cu、Al 等。

3. 密排六方晶格

如图 1-11（c）所示，密排六方晶格的晶胞是一个棱长为 a、高为 c，且 $c/a=1.633$ 的正六棱柱体，除在其 12 个顶角及上下两个面的中心各占据 1 个原子外，晶胞内对称位置上还有 3 个原子，它们分别为 6 个、2 个及 1 个晶胞所共有。所以，每个密排六方晶胞实际只包含 $\frac{1}{6}\times12+\frac{1}{2}\times2+3=6$ 个原子。具有这种晶体结构的金属有 Mg、Zn、Be 等。

二、晶格的致密度

由于可以把晶格中的原子看成是刚性小球，所以即使是一个紧挨一个地排列着，原子之间仍会有空隙存在。为了对晶体中原子排列的紧密程度进行定量比较，通常采用晶格致密度这样一个参数。晶格致密度是指晶胞中原子本身所占有的体积与该晶胞体积之比。

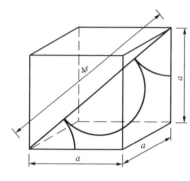

图 1-12 体心立方晶胞
原子半径计算示意

如图 1-12 所示，体心立方晶胞中，原子半径 $r=\frac{\sqrt{3}}{4}a$，1 个原子的体积为 $\frac{4}{3}\pi r^3$。体心立方晶胞含有 2 个原子；晶胞体积为 a^3。故对于体心立方晶格有

$$致密度=\frac{2\times\frac{4}{3}\pi r^3}{a^3}=\frac{2\times\frac{4}{3}\pi\left(\frac{\sqrt{3}}{4}a\right)^3}{a^3}=0.68$$

表明体心立方晶格中有 68% 的体积被原子所占有，其余则是空隙。用同样的方法可以计算出面心立方晶格和密排六方晶格的致密度均为 0.74。晶格的致密度越大，则晶格中原子排列得越紧密。

三、实际金属中的缺陷

若晶体内所有的晶格以同一位向排列，这种理想状态的晶体称为单晶体。实际使用的金属材料几乎都是多晶体。所谓多晶体就是指晶体由许多小颗粒构成，在每一个小颗粒内原子排列的位向基本相同，而各个颗粒间原子排列的位向却不相同，如图 1-13 所示。这些小颗粒称为晶粒，晶粒之间的交界面称为晶界。进一步研究发现，就是在每个晶粒内部，在某些区域里，原子排列也不像理想晶体那样规则和完整。通常，把这些区域称为晶体的缺陷，并根据几何特征分为三类缺陷。

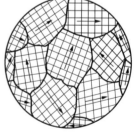

图 1-13 多晶体示意

1. 点缺陷

点缺陷主要是指晶格中三维尺寸都很小的点状缺陷。最常见的点缺陷是空位和间隙原子，如图 1-14 所示。晶格中某些结点没有原子称为空位；晶格的个别间隙处多出的原子称为间隙原子。产生空位和间隙原子的主要原因是原子的热运动使其能逃离晶格结点位置或转移到晶格间隙中去。

空位和间隙原子破坏了附近原子间作用力的平衡，使周围的原子离开其平衡位置，因而使正常的晶格发生了歪扭，即产生晶格畸变。晶格畸变导致能量升高，使金属的强度、硬度和电阻增加。

空位和间隙原子都处在不断的运动变化之中。空位周围的原子有可能跳入这个空位从而形成一个新的空位，间隙原子也有可能跳到另一个间隙处。当晶格空位或间隙原子移至晶体

表面和晶界或二者相遇时，又会随之消失。

2. 线缺陷

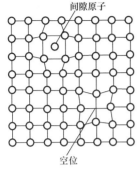

图 1-14 晶体中的
空位和间隙原子

线缺陷是指在晶体中一维尺寸较大、二维尺寸较小的缺陷，其具体形式就是位错。位错是指晶体中的某处有一列或若干列原子发生了有规律的错排现象。位错的基本类型有刃型位错和螺型位错两种，这里只介绍刃型位错。

图 1-15 所示为刃型位错示意。由图 1-15（a）可见，在一个完整晶体的晶面 *ABC* 上，于 *E* 处沿 *EF* 被垂直插入一个"多余"的原子面。由于多余的原子面像刀刃一样插入，使 *ABC* 晶面的上下两部分晶体间产生了错排现象，因而称为刃型位错。多余原子面的边缘 *EF* 称为位错线。

刃型位错有正、负之分，见图 1-15（b）。多余原子面位于位错线的上方时，称为正刃型位错，用符号"⊥"来表示；反之，则称为负刃型位错，用符号"⊤"表示。

实际金属中往往存在着大量的位错，位错的存在对金属的性能（如强度、塑性、疲劳、蠕变等）和组织转变等都有很大的影响。用特殊方法制得的不含位错的铁晶须，其抗拉强度可达 13 500MPa，比一般钢材高出数百倍。在一般金属中，少量位错会显著降低其强度，但随着位错密度（单位体积内位错线的总长度）的增加，金属的强度随之增高。

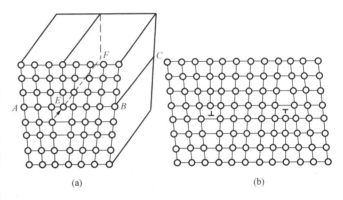

(a)

(b)

图 1-15 刃型位错示意

晶体中的位错不是固定不变的，它们还会由于原子的热运动或晶体受外力作用发生塑性变形而运动和变化，这对于金属的性能、原子的扩散以及组织结构转变等都会产生很大的影响。

3. 面缺陷

面缺陷主要指晶界和亚晶界。

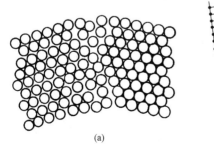

(a)

(b)

图 1-16 晶界与亚晶界

(a) 晶界；(b) 亚晶界

由于多晶体中相邻两晶粒内原子排列的位向不同，所以它们的交界处要同时受到相邻两侧晶粒不同位向的综合影响，不能作有规则的排列，如图 1-16（a）所示。因此，晶界实际上是不同位向的晶粒间原子无规则排列的过渡层。

由于晶界处原子排列的规则性很差，因此晶格畸变较大，其原子能量也较高，所以晶界对金属性能的影响远比晶内大。例如，晶界的熔点比晶内低；

晶界是发生相变时优先形核的地方；晶界的原子扩散速度比晶内快；晶界更容易受腐蚀；常温下，晶界强度高于晶内强度；高温下，晶界强度低于晶内强度。

实验还揭示：在每一个晶粒内原子排列位向也不可能像理想晶体那样完全一致，而是存在许多尺寸更小、位向差更小的小晶粒，常称为亚晶粒（也称嵌镶块或亚结构）。亚晶粒之间的边界称为亚晶界，亚晶界实际上是一系列刃型位错重叠而成的，如图 1-16（b）所示。

亚结构的存在及其尺寸大小对金属的性能同样有较大的影响。在晶粒度一定时，亚结构越细，相邻亚结构之间的位向差就越大，则金属的屈服强度越高。

第三节　金属的结晶

一、结晶的概念

金属材料在生产中一般都要经过熔炼和铸造，也就是说，都要经过由液态冷却转变成晶体

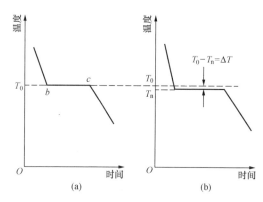

图 1-17　纯金属的冷却曲线

(a) 极缓慢冷却；(b) 较快冷却

固态的过程，这个过程称为结晶。纯金属的结晶是在一个恒定温度下进行的，这个恒定温度称为熔点（或平衡结晶温度），用 T_0 表示。金属的熔点可用热分析法来测定，其步骤如下：先将金属熔化，然后以极缓慢的速度冷却，并在冷却过程中每隔一定的时间测量一次温度，将记录下来的数据绘制在温度-时间坐标系中，便得到如图 1-17（a）所示的冷却曲线。

由于金属在结晶时要释放结晶潜热，补偿冷却过程中向外界散失的热量，因此在冷却曲线上出现了一个平台。平台所对应的温度就是金属的结晶温度。试验表明，金属的实际结晶温度总是低于平衡结晶温度［见图 1-17（b）］，也就是说，金属只能在低于平衡结晶温度时才能发生结晶，其差 $\Delta T = T_0 - T_n$ 称为过冷度。显然，过冷度是结晶的必要条件。同一金属从液态开始冷却时，冷却速度越快，实际结晶温度就越低，即过冷度越大。

二、结晶过程

结晶是由形核与生长两个基本过程组成的。首先是在液体中形成一些极微小的晶体（即晶核），然后其他原子以它们为核心不断长大；然后，剩余的液体中又不断形成新的晶核，并继续长大，形核和长大交替地充满着整个过程，直到液相消耗完毕，晶粒彼此相互接触为止。每个长大的晶核就成为一个晶粒。晶核在长大过程中，起初能够自由生长，当互相接触后，便受到相邻晶粒的限制，最后形成许多外形不规则的晶粒组成的多晶体，如图 1-18 所示。

晶核的形成，有的是由于液态金属在一定的过冷度下，依靠自身原子按规则排列而形成的；有的是由于液态金属中存在某些固体微粒，液态金属中的原子依附于这些微粒的表面而形成的。前者叫自发形核，后者叫非自发形核。

实验证明，在晶核开始长大的初期，因其内部原子排列规则，其外形也是比较规则的。随着晶核长大和晶体棱角的形成，由于棱角处散热条件优于其他部位，在棱角处就会优先长

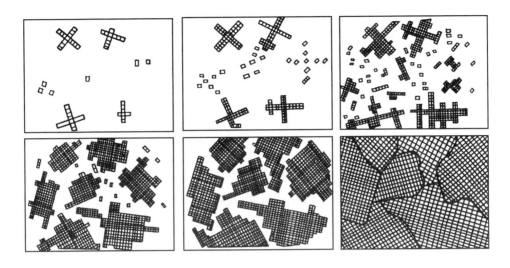

图 1-18　金属的结晶过程示意

大，如图 1-19 所示。由此可见，其生长方式像树枝分杈一样，先长出干枝，称为一次晶轴，然后长出分枝，称为二次晶轴，还可在二次晶轴上生长出三次晶轴等，如此不断成长、分枝下去，直至把晶间填满，液体消失为止。这种具有树枝状的晶体称为树枝晶，简称枝晶。

图 1-19　晶体长大示意

三、影响结晶后晶粒大小的因素及细化晶粒的措施

金属结晶后晶粒的大小对金属的力学性能及物理性能、化学性能都有重要的影响。在常温下，晶界强度比晶内强度高，因而晶粒越细，强度就越高，且塑性和韧性也越好。金属结晶后晶粒的大小主要与什么因素有关呢？

既然结晶过程是由形核与生长两个基本过程所组成，那么结晶后晶粒的大小显然与单位时间在单位体积内的形核数目（形核率）和晶核长大速度（生长率）有关。而形核率和生长率又取决于过冷度，所以晶粒的大小可以通过控制过冷度来控制。过冷度 ΔT、形核率 N 与生长率 G 之间的关系如图 1-20 所示。

由图中可以看出，在过冷度不太大的情况下，形核率 N 和生长率 G 都随过冷度的增加而增加，但形核率的增加要快些。图中还从形核率 N 和生长率 G 之间的相对关系上示意地表达出了几种不同过冷度下所得到晶粒的对比，从中可以得出一个十分重要的结论，即在一般工业条件下（图中曲线的前半部实线部

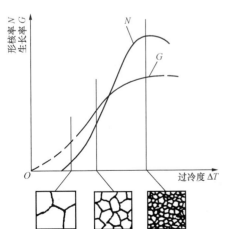

图 1-20　过冷度、形核率与生长率之间的关系

分），结晶时的过冷度或冷却速度越大时，金属的晶粒便越细。生产中采用金属型代替砂型、减少涂料层厚度、降低铸型温度等措施来提高冷却速度，以使铸件获得较细的晶粒。

对于体积较大或形状复杂的铸件，用增大过冷度的方法来获得细晶粒是不容易办到的，因此，实际生产中多采用变质处理来达到细化晶粒的目的。变质处理就是在液体金属中加入少量变质剂，以造成大量的人工晶核，从而增加晶核数目以细化晶粒。例如，钢液中加入钛、铝，铁水中加入硅钙合金，以及铝液中加入钛、钒等，都是典型的实例。

此外，在金属结晶时采用振动（如机械振动、超声振动或电磁振动），可使生长的晶粒破碎，从而增加晶核数目而细化晶粒。

第四节　金属的塑性变形

一、金属塑性变形的基本概念

金属在外力作用下发生的变形可分为弹性变形和塑性变形。所谓塑性变形，就是当外力去除时，被保留下来的这部分永久性变形。金属在锻造、轧制、冲压、冷拉等加工中，均要产生塑性变形。借助于金属材料的塑性变形，可以赋予产品所需要的形状和尺寸，而且还可以提高强度，节约材料。

（一）单晶体金属的塑性变形

单晶体金属塑性变形的基本方式是滑移和孪生，其中滑移是最主要的塑性变形方式。在切应力作用下，晶体的一部分沿着一定的晶面和晶向相对于晶体的另一部分发生相对移动，称为滑移。

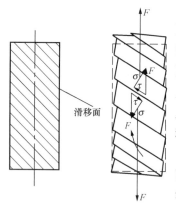

图 1-21　单晶体拉伸
变形示意

单晶体试样拉伸时，外力可以在晶内某一晶面上分解为垂直于该晶面的正应力 σ 和平行于该晶面的切应力 τ。正应力只能使晶格弹性伸长或使晶体断裂；切应力则可使晶格产生弹性剪切变形，进而造成晶体的相对滑移。因此，滑移只能由切应力引起，而与正应力无关。取金属单晶体试样，表面抛光，然后进行拉伸，当试样发生滑移变形时，发现试样表面变得粗糙，如图 1-21 所示。

晶体沿某一晶面滑移时，该晶面称为滑移面；晶体在滑移面上的滑动方向称为滑移方向。一般情况下，滑移面总是原子密度最大的晶面，滑移方向也总是原子密度最大的晶向。因为在原子密度最大的晶面和晶向上，原子间距最小，结合力最强，只有在原子密度最大的晶面之间和晶向之间原子间距最大，因而结合力最弱，容易在较小的切应力作用下滑动。晶体中每一个滑移面及其一个滑移方向组成一个滑移系。

大量的实验证明，滑移是位错在切应力作用下运动的结果。图 1-22 所示为晶体通过刃型位错运动造成滑移的示意图。

由图可见，晶体中存在一个正刃型位错，在切应力的作用下，位错中心要移动一个原子间距，只需位错中心附近的少数原子作微量位移即可。这样，当位错中心从晶体的一边移到另一边时，就使晶体的上半部相对于下半部滑移了一个原子间距。大量的位错通过滑移面移

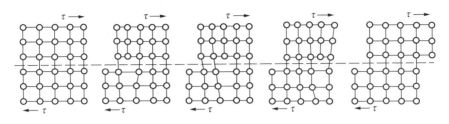

图 1-22 晶体通过刃型位错运动造成的滑移示意

到晶体表面，从而造成一定量的塑性变形。

在单晶体的拉伸试验中，金属晶体除发生滑移外，还会有转动。因为单晶体沿滑移面滑移时，使试样两端的拉力不再处于同一直线上，所以将产生一个力偶使滑移面转动（见图1-21）。

（二）多晶体金属的塑性变形

在常温下，多晶体金属塑性变形就其中每个晶粒来说，与单晶体金属塑性变形基本相同。但由于有晶界的存在，而且各晶粒的晶格位向又不同，所以多晶体金属的塑性变形过程要比单晶体的复杂得多。

多晶体金属塑性变形时，因各晶粒滑移系的取向是不同的，故在外力作用下，各滑移系上的分切应力相差很大。当滑移面和滑移方向都与外力呈 45°角时，分切应力最大，于是，这些晶粒开始滑移。位错沿滑移面运动的结果是在晶界附近造成位错堆积。当堆积的位错密度增大到一定程度时，已变形的晶粒内的边界上将产生足够大的集中应力，促使相邻晶粒的滑移面上的位错被激发而开始转动，于是相邻晶粒中原来处于不利滑移系上的位错开始运动。滑移由一批晶粒传递到另一批晶粒，这样的过程不断进行下去，参加滑移的晶粒越来越多，使金属发生明显的塑性变形。

二、塑性变形对金属组织和性能的影响

金属在塑性变形后，其性能要发生一系列明显的变化。其中最主要的是造成加工硬化，同时也使其某些物理、化学性能发生变化，如电阻增大、耐蚀性降低等。金属因塑性变形使其强度、硬度升高而塑性、韧性降低的现象，称为加工硬化（或形变强化）。金属材料的变形度越大，其性能的变化就越大。随着变形度的增加，金属的强度和硬度不断提高，而塑性逐渐下降。

加工硬化是强化金属材料的重要手段之一，特别是对那些不能用热处理来强化的金属尤为重要。不仅如此，零件在使用时，万一突然超载，由于设计时已保证了零件用材具有一定的塑性，这时零件会发生塑性变形，并伴随着产生形变强化从而使强度增加，这能在一定程度上防止零件的突然脆断。然而，由于加工硬化使金属的塑性降低，会给金属的进一步冷加工变形带来困难。

加工硬化现象的产生是塑性变形后金属内部组织结构改变的结果。金属发生塑性变形时，随着外形的变化，内部晶粒的形状也会发生变化，即由原来的等轴晶（各个方向的尺寸大致相等）变为沿着变形方向拉长的晶粒。由于晶粒的变形，晶粒内部的嵌镶块也会随之细化，使亚晶界显著增多。前面已述，亚晶界实际上是一些刃型位错堆积而成。因此，冷变形导致了位错的增多。这些在亚晶界处堆积的位错，以及它们之间的相互作用，会对晶体内移动着的位错起阻碍作用，使材料的塑性变形抗力升高，即产生了加工硬化现象。金属的变形度越大，亚结构的细化程度就越高，位错密度也越大，则加工硬化现象就越严重。

三、冷变形金属在加热时组织和性能的变化

由于在冷变形金属中存在着严重的晶格畸变、晶粒破碎、结构缺陷等，导致了晶格内部能量升高，所以冷变形后金属处于不稳定状态，它有自发地恢复到变形前的稳定状态的趋势。但是在室温下，由于原子扩散能力低，这种转变无法实现。如果将金属加热，使其温度升高，增大其原子扩散能力，金属就会发生一系列的组织与性能的变化。图 1-23 表明，变形后的金属在加热过程中随着温度的升高，依次经历回复、再结晶和晶粒长大三个阶段。

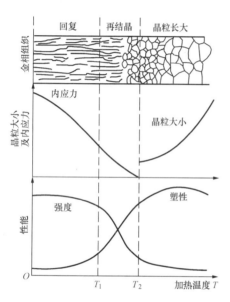

图 1-23　加热温度对冷变形金属
组织和性能的影响

（一）回复

当加热温度不太高（$T < T_1$）时，原子的活动能力虽有所提高，但还只能短距离扩散。这时，通过原子的短距离扩散，可使晶体中的空位与间隙原子相互作用而减少，使异号位错相互抵消，从而使晶格畸变程度大为减轻，残余内应力明显下降，强度和硬度略有降低，塑性略有提高，但察觉不到显微组织有明显的变化，这个阶段称为回复。

工业上常利用回复现象，将冷变形后的金属加热到 T_1 以下某一温度，保温一段时间，进行"消除内应力退火"。通过这种退火后，内应力显著减少，强化效果却被保留下来。

（二）再结晶

当冷变形金属被加热到较高温度（$T > T_1$）时，由于原子扩散能力大大增加，金属的组织和性能都会发生剧烈变化。被拉长或破碎的晶粒变为均匀整齐的等轴晶粒，金属的强度、硬度显著下降，而塑性明显提高，所有的力学性能及物理、化学性能都恢复到变形以前的数值，这种现象称为再结晶。纯金属的再结晶温度 $T_再$ 与熔点的关系大致可表示为 $T_再 \approx 0.4 T_熔$（均以绝对温度计算）。$T_再$ 与塑性变形的程度有关，金属的变形度越大，再结晶的温度就越低。此外，当金属含有少量其他元素时，一般可提高其再结晶温度，如钢中含有少量 Cr、Mo、W 等元素会提高钢的再结晶温度，因而提高了钢的热强性。工业上广泛采用的再结晶退火，就是使塑性变形的金属发生再结晶，从而消除加工硬化现象和残余应力，提高塑性，以便进一步加工。

（三）再结晶后的晶粒长大

冷变形金属在再结晶之后得到了均匀细小的等轴晶粒。但如果继续升高温度或延长保温时间，则晶粒会相互吞并而长大，使力学性能相应地变坏。晶粒长大是一种自发的变化趋势，使晶界减少，晶界表面能降低，组织变得更加稳定。要实现这种变化趋势，需要原子有较强的扩散能力以完成晶粒长大时晶界的迁移，而在高的温度下，正具备了这一条件。

四、热加工与冷加工

（一）热加工与冷加工的概念

上面所讨论的塑性变形，都限于冷加工，而未涉及热加工。从金属学的观点来看，金属在其再结晶温度以下进行的加工变形称为冷加工，如前所述，它伴随着加工硬化的产生。金属在其再结晶温度以上进行的加工变形称为热加工，显然，它没有加工硬化产生。如铁的最低再结晶温度为450℃，故它在400℃的加工变形仍属于冷加工；又如锡的再结晶温度在0℃以下，故它在室温的加工变形就属于热加工。

（二）热加工对金属组织与性能的影响

1. 消除铸态金属中的缺陷

金属冶炼后，往往是先浇铸成铸锭。铸锭在冷却结晶时，由于浇铸温度、金属纯度、冷却条件的影响，会出现一些缺陷，如在最后结晶处得不到金属液的补充会形成缩孔（分散的缩孔叫疏松），又如金属液中的气体在结晶时来不及逸出，被封闭在金属内部而形成气泡等。这些缺陷使金属材料的性能变坏。热加工却能在金属的变形过程中将气泡、疏松焊合，增加材料的致密度，从而使金属材料的强度，特别是塑性和韧性得以提高。

2. 产生热加工纤维组织

金属内部总是不可避免地存在一些夹杂物，在热加工过程中，它们会沿着变形方向拉长呈流线分布，称为热加工纤维组织，也称流线。金属流线可使材料的力学性能具有明显的方向性。通常沿流线方向的强度、塑性和韧性都大于垂直流线的方向。因此，合理控制工件中流线的分布，使其与正应力平行，而与剪切应力或冲击力垂直，且最好能使流线沿工件外形轮廓连续分布，就可提高零件的使用寿命。图1-24所示为曲轴中的流线分布。采用经轧制的原材料直接切削加工成形，易于造成断裂破坏。

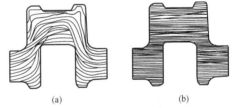

图1-24 曲轴中的流线分布示意
（a）锻造后沿轮廓合理分布的流线；
（b）切削后不合理分布的流线

第五节 铁碳合金相图

纯金属虽然具有一些优良性能，但它们的力学性能较差，种类有限，而且制取困难，远不能满足生产上的需要，因此工业中大量使用的是合金。

合金是由两种或两种以上的金属元素或金属元素与非金属元素组成的、具有金属特性的物质。例如普通黄铜是铜与锌组成的合金，碳钢是铁和碳组成的合金。

组元是组成合金的独立的、最基本的物质。通常，组元就是组成合金的元素，如普通黄铜中的铜与锌，但稳定的化合物也可以作为组元，如钢中的Fe_3C。由两个组元组成的合金称为二元合金，由三个组元或三个以上组元组成的合金称为三元合金或多元合金。

由若干给定组元可以配制出一系列不同成分的合金，这一系列合金就构成一个合金系。例如铜和镍可以配制出任何比例的铜镍合金，称为铜-镍合金系。合金系也可以分为二元系、三元系或多元系。

相就是指合金中化学成分相同、晶体结构相同并与其他部分有界面分开的均匀组成部分。例如水结冰时，浮于水上的冰块是一种相，冰块下面的水则是另一种相。

为了研究合金的组织和性能，必须先了解合金中相的晶体结构。

一、固态合金的相结构

固态合金的相结构可分为固溶体和金属化合物两大类。

（一）固溶体

当合金由液态结晶为固态时，组元间仍能相互溶解而形成的均匀相，称为固溶体。在固溶体中，含量较多且能保持原有晶格的组元称为溶剂；含量较少而被溶解的组元称为溶质。可见，固溶体的晶格与溶剂元素的晶格相同。

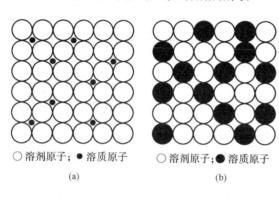

○溶剂原子；●溶质原子　　○溶剂原子；●溶质原子
（a）　　　　　　　　　　（b）

图 1-25　固溶体的两种类型
（a）间隙固溶体；（b）置换固溶体

按溶质原子在溶剂晶格中的分布不同，固溶体可分为间隙固溶体和置换固溶体两类。

1. 间隙固溶体

溶质原子分布在溶剂晶格的空隙中所形成的固溶体，称为间隙固溶体，如图 1-25（a）所示。当溶质与溶剂的原子直径之比 $D_质/D_剂 \leqslant 0.59$ 时，可形成间隙固溶体。过渡族的金属元素与原子直径较小的非金属元素（如 C、N、H、O、B 等）易形成间隙固溶体。由于溶剂晶格中的间隙是有限的，所以间隙固溶体都是有限固溶体。

2. 置换固溶体

溶质原子占据了溶剂晶格某些结点所形成的固溶体，称为置换固溶体，如图 1-25（b）所示。一般来说，溶剂原子与溶质原子直径差越小，两者在周期表中的位置越接近，置换固溶体的溶解度就越大。在满足上述条件的前提下，溶剂与溶质晶格结构又相同，则能形成无限固溶体；反之，若不能很好地满足上述条件，则形成有限固溶体。

由于溶质原子的半径不同于溶剂原子的半径，因而无论形成哪类固溶体，都会因溶质原子的溶入引起晶格畸变，如图 1-26 所示。这样会使位错移动困难，使塑性变形抗力增加，因而使固溶体强度、硬度提高，这种现象称为固溶强化。它是提高金属材料力学性能的重要

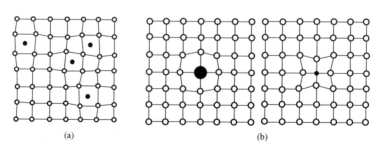

（a）　　　　　　　　　　　（b）

图 1-26　形成固溶体时的晶格畸变
（a）间隙固溶体；（b）置换固溶体

途径之一。实践证明，当溶质浓度适当时，固溶体不仅有比纯金属较高的强度和硬度，而且具有良好的塑性和韧性，这一点是加工硬化所不及的。

（二）金属化合物

金属化合物是合金组元间发生相互作用而生成的一种具有明显金属特性的化合物。金属化合物通常具有复杂的晶格结构，且其晶格类型不再与组成它的组元的晶格相同。金属化合物一般可以用分子式来表示其组成。图 1-27 所示的金属化合物 Fe_3C，呈斜方晶格。

金属化合物一般具有高的熔点、较高的硬度，同时也具有较大的脆性。当合金中有金属化合物时，合金的强度、硬度和耐磨性增加，但塑性和韧性下降。

绝大多数合金并不是仅由单相金属化合物或仅由一种固溶体组成，而是由固溶体与少量（一种或几种）金属化合物所构成的机械混合物。在机械混合物中，各组成相仍保持着其原有的晶格结构和性能。机械混合物的性能主要取决于各组成相的性能和相对量。此外，还与各组成相的形状、大小及分布有很大关系。

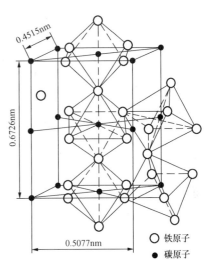

图 1-27　Fe_3C 的晶体结构

二、二元合金相图

合金的结晶与纯金属一样，也是通过形核和生长过程来完成的。由于合金中至少包含两种组元，所以在结晶过程中，不同温度区间的相的数目及相成分也不尽相同，结晶也不一定在恒温下完成。合金的结晶过程远比纯金属复杂，组织结构也比纯金属要复杂得多。

要了解合金的性能与其成分、组织之间的关系，必须研究合金结晶过程中组织状态变化的规律。相图就是研究这些规律的重要工具。

表示平衡状态下合金系中合金状态同温度、成分之间关系的图形称为相图，也称为状态图或平衡图。

二元合金相图是一个以温度为纵坐标、成分为横坐标的平面图形。合金相图是通过实验方法测定的，其中最基本、最常用的方法是热分析法。下面就以 Cu-Ni 合金为例，说明用热分析法测定二元合金相图的过程。

（1）首先配制一系列不同成分的 Cu-Ni 合金：

合金Ⅰ　　100%Cu　　0%Ni；　　合金Ⅱ　　80%Cu　　20%Ni；
合金Ⅲ　　60%Cu　　40%Ni；　　合金Ⅳ　　40%Cu　　60%Ni；
合金Ⅴ　　20%Cu　　80%Ni；　　合金Ⅵ　　0%Cu　　100%Ni

（2）将配制好的合金放入炉中加热至熔化温度以上，然后极其缓慢地冷却，并记录温度与时间的关系，根据这些数据可绘出合金的冷却曲线，如图 1-28（a）所示。

（3）确定各冷却曲线上合金的临界点（结晶开始和终了的温度）。

（4）把各个临界点表示到温度-成分坐标系中相应的位置上，将各相同意义的临界点连接起来，就得到 Cu-Ni 合金相图，如图 1-28（b）所示。

用热分析法测定相图时，配制的合金越多，描的点越多，测得的相图就越精确。除了热

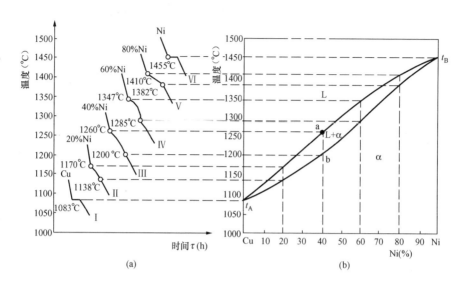

图 1-28　Cu-Ni 相图的测定

(a) 冷却曲线；(b) Cu-Ni 相图

分析法外，相图还可以用磁分析法、电阻法、膨胀法及热力学计算法来测得。

在相图中，横坐标从左到右表示合金成分的变化，例如 Cu-Ni 合金相图中，横坐标从左到右表示 Ni 的含量由 0％～100％逐渐增加，而 Cu 的含量相应地逐渐减少。横坐标上任意一点就表示一种成分的合金。在相图中，由各开始结晶温度点的连线称为液相线，各结晶终了温度点的连线称为固相线。温度高于液相线时，合金为液态，以 L 表示；温度低于固相线时，合金为固态，由单相的 α 固溶体组成，以 α 表示。在两条曲线之间为液、固两相共存区，以 L＋α 表示。

应该指出，合金相图是表明合金在平衡状态下的情况，在测定冷却曲线时必须采取很缓慢的冷却速度，不应发生过冷现象。

三、铁碳合金相图

钢和铸铁是现代工业中应用最广泛的金属材料，由铁和碳两个基本组元组成，统称为铁碳合金。不同成分的铁碳合金在不同温度下具有不同的组织，因而表现出不同的性能。为了熟悉铁碳合金的成分、组织和性能之间的关系，必须了解铁碳合金相图，它是研究铁碳合金的基础。在铁碳合金中，铁和碳既能形成固溶体，也能形成一系列化合物。在研究铁碳合金相图时，应先了解铁碳合金的基本相。

（一）铁碳合金的基本组元和相

铁碳合金的基本组元是铁和碳。在固态下，碳可溶入 α-Fe、γ-Fe 和 δ-Fe 中形成三种固溶体：铁素体、奥氏体和 δ-固溶体，当含碳量超过固溶体的溶解度时，则形成金属化合物——渗碳体。因 δ-固溶体是无实用价值的高温相，故不予考虑。铁素体、奥氏体和渗碳体是铁碳合金的基本相。

1. 纯铁

工业纯铁一般含有 0.1％～0.2％的杂质，纯铁的熔点为 1538℃。纯铁的冷却曲线如图 1-29 所示。

纯铁从液态结晶为固态后,在继续冷却的过程中还会先后两次发生晶格类型的转变。金属在固态下发生晶格类型的转变称为"同素异晶转变"。纯铁的同素异晶转变为

$$\delta\text{-Fe} \underset{1394℃}{\rightleftharpoons} \gamma\text{-Fe} \underset{912℃}{\rightleftharpoons} \alpha\text{-Fe}$$

铁在1538℃结晶时,原子排列成体心立方晶格,称为δ-Fe;至1394℃时,原子排列方式由体心立方晶格变为面心立方晶格,称为γ-Fe;到912℃时,原子排列方式由面心立方晶格转变为体心立方晶格,称为α-Fe。

纯铁在770℃时发生磁性转变,在770℃以上的α-Fe不具有铁磁性,在770℃以下的α-Fe具有铁磁性。

工业纯铁的力学性能大致如下:

$R_m = 180 \sim 230MPa$,$R_{p0.2} = 100 \sim 170MPa$

$A = 30\% \sim 50\%$,$Z = 70\% \sim 80\%$

$\alpha_k = 160 \sim 200J/cm^2$,$HB = 50 \sim 80$

由此可见,工业纯铁的塑性、韧性好,强度、硬度低。

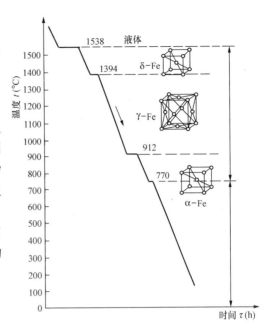

图 1-29 纯铁的冷却曲线

2. 铁素体

碳溶于α-Fe中形成的间隙固溶体称为铁素体(用 F 表示)。碳在α-Fe中的溶解度甚微,在727℃时为0.0218%,在600℃时约为0.006%,在室温下为0.0008%。其显微组织示意图如图 1-30 所示,呈均匀明亮的多边形晶粒。铁素体的力学性能大致如下:

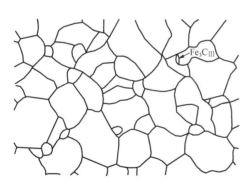

图 1-30 铁素体的显微组织示意

$R_m = 180 \sim 280MPa$,$R_e = 100 \sim 170MPa$

$A = 30\% \sim 50\%$,$Z = 70\% \sim 80\%$

$\alpha_k = 156 \sim 196J/cm^2$,$HB = 50 \sim 80$

由此可见,铁素体的塑性、韧性好,但强度、硬度不高。铁素体在770℃以下具有铁磁性,在770℃以上则失去铁磁性。

3. 奥氏体

碳溶于γ-Fe中形成的间隙固溶体称为奥氏体(用 A 表示)。γ-Fe的溶碳能力比α-Fe高,这是由于γ-Fe是面心立方晶格结构,其晶格致密度虽然高于体心立方晶格的α-Fe,但其晶格空隙直径较大,故能溶解较多的碳。在1148℃时,碳在γ-Fe中最大溶解度为2.11%,温度下降,溶解度下降,在727℃时为0.77%。

奥氏体的显微组织为亮白色的多边形晶粒,晶界较铁素体平直。与γ-Fe一样,奥氏体为非铁磁性相。

奥氏体强度和硬度低,塑性好,因而易于锻压成型。

4. 渗碳体

铁与碳形成的金属化合物 Fe_3C 称为渗碳体，常用"Cm"表示。渗碳体晶格结构复杂。它的含碳量为 6.69%，熔点约为 1227℃。

渗碳体的硬度极高（800HB）、脆性极大，塑性和韧性几乎为零，故不能作为基体相，但它是铁碳合金中的重要强化相，可以呈片状、网状、粒状和条状分布，其形态、大小及分布对铁碳合金的力学性能有很大影响。

渗碳体是一个亚稳定相，在较高温度下长期保温后会分解为铁和石墨，即

$$Fe_3C \longrightarrow Fe + C$$

（二）铁碳合金相图分析

由于 Fe_3C 的含碳量为 6.69%，含碳量超过 6.69% 的铁碳合金脆性很大，没有实用价值。因此，通常只研究以 Fe 和 Fe_3C 为组元的 Fe -Fe_3C 相图。Fe -Fe_3C 相图左上角液相向 δ-固溶体转变，以及 δ-固溶体向奥氏体转变的部分，一般实用意义不大。为了便于研究和分析 Fe -Fe_3C 相图，上述部分可予以省略简化。简化后的 Fe -Fe_3C 相图如图 1-31 所示。

1. Fe -Fe_3C 相图中的特性点

Fe -Fe_3C 相图中的主要特性点的温度、成分、含义见表 1-3。

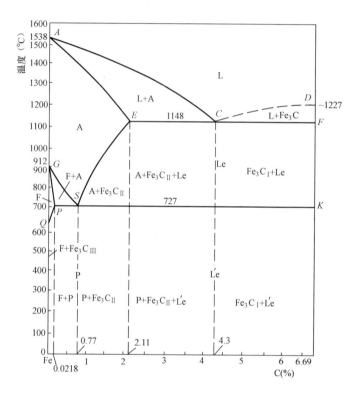

图 1-31　简化后的 Fe -Fe_3C 相图

表 1-3　　　　　　　　　　　　Fe -Fe_3C 相图中的特性点

特性点	温度/℃	含碳量/%	含　　义
A	1538	0	纯铁的熔点
C	1148	4.3	共晶点
D	约 1227	6.69	渗碳体的熔点
E	1148	2.11	碳在奥氏体中的最大溶解度点
F	1148	6.69	渗碳体的成分
G	912	0	α-Fe $\Longleftrightarrow$ γ-Fe 同素异晶转变点
K	727	6.69	渗碳体的成分
P	727	0.021 8	碳在铁素体中最大溶解度点
S	727	0.77	共析点
Q	室温	0.000 8	碳在 α-Fe 中的溶解度点

表 1-3 中，C、S 为两个最重要的点。C 点为共晶点，含碳量在 2.11%～6.69% 范围内的铁碳合金在平衡结晶过程中，当温度冷却到 1148℃ 时，都会发生共晶反应。共晶反应是一定成分的液相在某一恒温下同时结晶出两种成分和结构都不相同的晶体的相变过程。铁碳合金的共晶反应为

$$L_C \xrightleftharpoons{1148℃} A_E + Fe_3C \quad 即 \quad L_{4.3} \xrightleftharpoons{1148℃} A_{2.11} + Fe_3C$$

即 C 点成分的液相（含碳 4.3%）在 1148℃，生成 E 点成分的奥氏体和 F 点成分的 Fe_3C。共晶反应的结果生成了奥氏体与渗碳体的共晶混合物，称为莱氏体，以符号 Le 表示。由共晶反应生成的渗碳体称为共晶渗碳体，生成的莱氏体冷至室温时成为低温莱氏体（或称室温莱氏体），用 L'e 表示。

S 点为共析点，温度为 727℃，含碳量为 0.77%。含碳量在 0.0218%～6.69% 范围内的铁碳合金在平衡结晶过程中，当冷却到 727℃ 时，都会发生共析反应。共析反应是由一定成分的固溶体在某一恒温下，同时析出两相晶体的机械混合物。铁碳合金的共析反应为

$$A_S \xrightleftharpoons{727℃} F_P + Fe_3C \quad 即 \quad A_{0.77} \xrightleftharpoons{727℃} F_{0.0218} + Fe_3C$$

即 S 点成分的奥氏体在 727℃ 温度下，生成 P 点成分的 F 和 K 点成分的 Fe_3C。共析反应的结果生成了铁素体与渗碳体的共析混合物称为珠光体（以符号 P 表示）。

在显微镜下珠光体的形态呈层片状，在放大倍数很高时，可清楚看到渗碳体片与铁素体片的相间分布。珠光体的强度较高，塑性、韧性和硬度介于铁素体和渗碳体之间。

2. Fe-Fe₃C 相图中的特性线

相图中特性线的意义如下：

ACD 线——液相线。当温度高于 ACD 线时合金呈液相。

$AECF$ 线——固相线。当温度低于 $AECF$ 线时合金呈固相。

ES 线——碳在奥氏体中的溶解度线，也称为 A_{cm} 线。在 727～1148℃ 之间，随着温度的升高，奥氏体的溶碳量增加（由 0.77% 增到 2.11%），因此当含碳量大于 0.77% 的铁碳合金自 1148℃ 冷却到 727℃ 的过程中，将从 A 中析出 Fe_3C，这时析出的 Fe_3C 称为二次渗碳体，以 Fe_3C_{II} 表示。所以 A_{cm} 线也就是从 A 中析出 Fe_3C_{II} 的开始线。

PQ 线——碳在 F 中的溶解度线。在 727℃ 时 F 中溶碳量最大，可达 0.0218%；600℃ 时仅约为 0.006%；室温时为 0.0008%。因此铁碳合金自 727℃ 冷却至室温时，将不断从 F 中析出 Fe_3C_{III}。所以 PQ 线也为从 F 中析出 Fe_3C_{III} 的开始线。因 Fe_3C_{III} 数量很少，在讨论中往往忽略。

GS 线——含碳量小于 0.77% 的铁碳合金在冷却时自奥氏体中析出 F 的开始线，也称 A_3 线。

ECF 线（1148℃）——共晶反应线，含碳量 2.11%～6.69% 的铁碳合金冷却到该线温度时，均发生共晶反应。

PSK 线（727℃）——共析反应线，含碳量 0.0218%～6.69% 的铁碳合金冷却到该线温度时，均发生共析反应，也称 A_1 线。

（三）典型合金的结晶过程及其室温下的平衡组织

Fe-Fe₃C 相图中的各种合金，按其含碳量和显微组织可分为三大类：①工业纯铁（C≤

0.0218%），室温组织为F；②钢（0.0218%＜C＜2.11%），按室温组织不同又分为共析钢（C＝0.77%）、亚共析钢（0.0218%＜C＜0.77%）和过共析钢（0.77%＜C＜2.11%）；③白口铸铁（2.11%＜C＜6.69%），显微组织中有莱氏体。按室温组织不同白口铸铁又可分为共晶白口铸铁（C＝4.3%）、亚共晶白口铸铁（2.11%＜C＜4.3%）和过共晶白口铸铁（4.3%＜C＜6.69%）。

下面讨论典型铁碳合金的结晶过程及室温平衡组织。

1. 共析钢（C＝0.77 %）

如图 1-32 所示，当共析钢由液态冷至 1 点温度时，从液相中开始结晶出奥氏体。在 1～2 点温度之间，随着温度的降低，奥氏体量不断增多，其成分沿 AE 线变化；液相不断减少，其成分沿 AC 线变化。到 2 点温度时，液相全部结晶为奥氏体。在 2～3 点温度之间，合金呈单相奥氏体不变。待到 3 点温度（727℃）时，合金发生共析转变，转变产物为

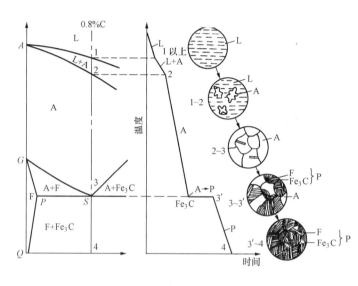

图 1-32　共析钢结晶过程示意

珠光体。3′～4 点温度继续下降时，组织不会发生转变，因此共析钢的室温平衡组织为珠光体，它是由层片状的铁素体与渗碳体所组成，其显微组织示意图及在光学显微镜下的显微组织如图1-33及图 1-34 所示。

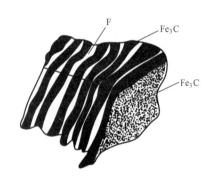

图 1-33　珠光体显微组织示意

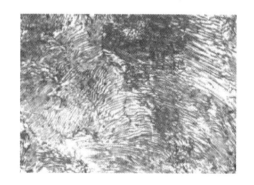

图 1-34　共析钢的显微组织

2. 亚共析钢（0.0218%＜C＜0.77%）

如图 1-35 所示，亚共析钢在 1～3 点温度间的结晶规律与共析钢相似，仅因含碳量不同，其临界点温度值不同。当单相奥氏体冷却到 GS 线上的 3 点温度时，奥氏体开始析出铁素体。在 3～4 点温度之间，随着温度的降低，从奥氏体中析出的铁素体越来越多。由于铁素体的溶碳能力极低，因此在铁素体量增加的同时，剩余奥氏体的含碳量却越来越高，实际

上铁素体的成分沿 GP 线变化，而奥氏体的成分沿 GS 线变化。当冷却到 4 点温度时，A 的成分到达 S 点（0.77％C），因此，A 发生共析转变而生成 P。4′点温度以后继续冷却，组织不变。因此亚共析钢的室温平衡组织为 F＋P，如图 1-36 所示。F 呈白色块状，珠光体呈层片状，放大倍数较低时，无法分辨层片，故呈黑灰色。

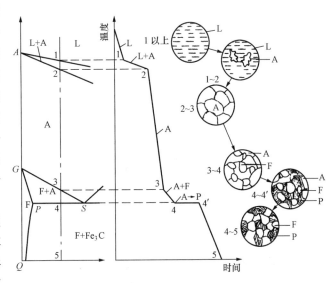

图 1-35　亚共析钢结晶过程示意

所有亚共析钢的室温平衡组织均由 F 和 P 组成，其区别仅在于其中 F 和 P 的相对量有所不同。亚共析钢的含碳量越接近共析成分，其室温平衡组织中 P 量越多；反之，F 量越多。

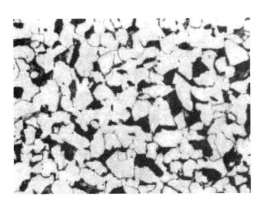

图 1-36　亚共析钢的显微组织

3. 过共析钢（0.77 ％＜C＜2.11％）

如图 1-37 所示，从液态冷却至 3 点温度时与亚共析钢类似。当温度达到 ES 线的 3 点温度时，奥氏体中含碳量达到饱和而析出二次渗碳体，二次渗碳体沿奥氏体晶界析出而呈网状分布。随着温度的下降，析出的二次渗碳体将越来越多，A 内的含碳量沿 ES 线逐渐降低。当温度到达 4 点的 727℃时，A 含碳量变为 0.77％，于是发生共析转变，A 转变为 P。4′点温度以后继续冷却，组织不变。因而其室温平衡组织为 P＋Fe_3C_{II}，Fe_3C_{II} 网分布在 P 周围，见图 1-38。

所有过共析钢的结晶过程都相同，其区别仅在于室温平衡组织中 Fe_3C_{II} 和 P 的相对量有所不同，过共析钢的含碳量越高，其室温平衡组织中 P 量越少，Fe_3C_{II} 越多。

4. 共晶白口铸铁（C＝4.3％）

如图 1-39 所示，共晶白口铸铁缓冷至 C 点温度时，在此恒温下发生共晶反应，合金由单相液体转变为莱氏体 Le。合金继续缓冷，莱氏体中的奥氏体与渗碳体的分布状态不变，但其中的奥氏体将逐渐析出二次渗碳体，使奥氏体的含碳量沿 ES 线不断降低。当合金缓冷至 PSK 线温度（727℃）时，奥氏体的含碳量正好为 0.77％，这时奥氏体便发生共析反应转变成珠光体。727℃以下继续冷却，合金的组织不再发生变化。故共晶白口铸铁在室温下的平衡组织为室温莱氏体，即 L′e（P＋ Fe_3C_{II} ＋ Fe_3C）。其显微组织如图 1-40所示。

图 1-38　过共析钢的显微组织

图 1-40　共晶白口铸铁的显微组织

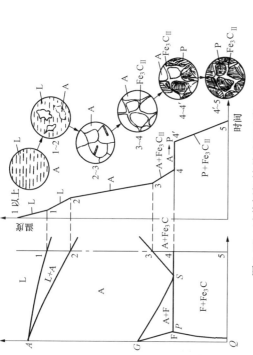

图 1-37　过共析钢结晶过程示意

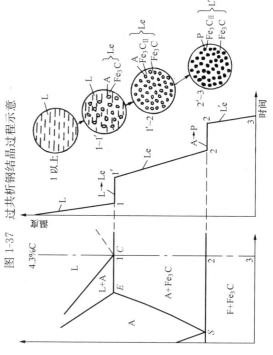

图 1-39　共晶白口铸铁结晶过程示意

5. 亚共晶白口铸铁(2.11%<C<4.3%)

如图 1-41 所示，亚共晶白口铸铁的结晶过程与共晶白口铸铁的结晶过程的区别，仅在于前者在共晶反应之前已先从液相中结晶出部分奥氏体，称为初生奥氏体。初生奥氏体与莱氏体中的奥氏体一样，都会在继续缓冷的过程中沿 ES 线析出二次渗碳体，也都会在 727℃ 时含碳量同时达到 0.77%，并通过共析反应转变为珠光体。因此，亚共晶白口铸铁在室温下的平衡组织为 $P+Fe_3C_{II}+L'e$。亚共晶白口铸铁的显微组织如图 1-42 所示。

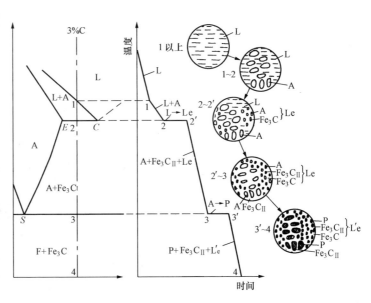

图 1-41 亚共晶白口铸铁结晶过程示意

6. 过共晶白口铸铁（4.3%<C<6.69%）

如图 1-43 所示，过共晶白口铸铁在共晶反应之前，先从液相中结晶出一次渗碳体。一次渗碳体在以后的缓冷过程中都不发生变化。过共晶白口铸铁发生共晶反应以及其后的结晶过程均与共晶白口铸铁相似。所以，过共晶白口铸铁在室温下的平衡组织为一次渗碳体和室温莱氏体，即 $Fe_3C_I + L'e$，其显微组织如图 1-44 所示。

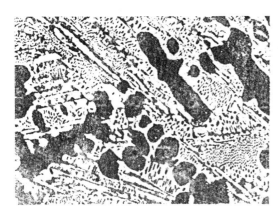

图 1-42 亚共晶白口铸铁的显微组织

四、铁碳合金相图的应用

（一）碳对铁碳合金组织和性能的影响

根据上述典型铁碳合金结晶过程的分析可知，铁碳合金在室温下由铁素体和渗碳体两相组成，随着含碳量的增加，铁素体的量不断减少，渗碳体的量不断增加，而且形态和分布也随之发生变化。不同的铁碳合金由这两个相组成的组织也不同。随着含碳量的增加，铁碳合金组织变化顺序为

$$F \longrightarrow F+P \longrightarrow P \longrightarrow P+Fe_3C_{II} \longrightarrow P+Fe_3C_{II}+L'e \longrightarrow L'e \longrightarrow Fe_3C_I+L'e$$

前面已述，铁素体的强度和硬度不高，塑性和韧性却很好，渗碳体的性能是硬而脆。在铁碳合金中，随着含碳量的增多，渗碳体的量增多，合金的硬度升高，塑性与韧性降低。在亚共析钢与共析钢中，由于渗碳体呈片状分布于铁素体的基体内构成珠光体，起到了第二相强化的作用，因此使钢的强度升高。显然，钢中珠光体越多，钢的强度就越高。在过共析钢中，Fe_3C_{II} 呈网状分布在珠光体晶界上，特别是当含碳量超过 0.9%后，网趋于连续，导致

强度迅速下降。在白口铸铁中，渗碳体作为基体出现，使合金的塑性与韧性降得更低，强度也急剧下降。

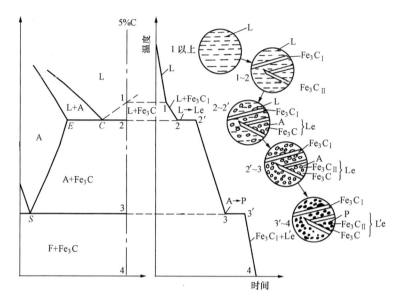

图 1-43 过共晶白口铸铁结晶过程示意

图 1-45 所示为含碳量对碳钢力学性能的影响。由图可见，当钢的含碳量小于 0.9％时，随着含碳量的增加，钢的强度、硬度不断提高，塑性和韧性不断降低；当钢的含碳量大于 0.9％时，随着含碳量的增加，钢的塑性、韧性继续降低，强度也开始迅速降低，只有硬度仍直线上升。为了保证生产上使用的钢材具有足够的强度与良好的塑性和韧性的配合，实际使用的钢材其含碳量一般不超过 1.4％。对于白口铸铁，由于性能硬而脆，难以切削加工，故很少使用。

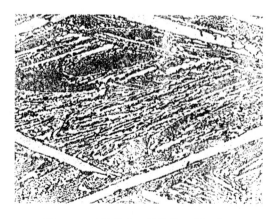

图 1-44 过共晶白口铸铁的显微组织

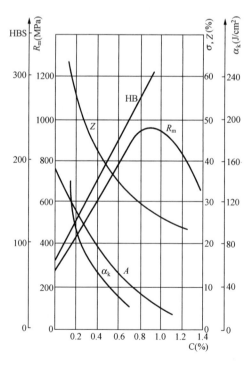

图 1-45 含碳量对碳钢力学性能的影响

（二）铁碳相图的应用

1. 在选材方面的应用

铁碳合金相图揭示了铁碳合金的组织随成分变化的规律，根据金相组织可以判断其大致性能，便于合理选择材料。

低碳钢（C<0.25%）塑性、韧性好，焊接性好，宜用于轧制型材及制造桥梁、船舶和各种建筑结构，如火电厂的厂房结构、锅炉支架等。中碳钢（0.25%<C<0.6%）强度、塑性及韧性都较好，具有良好的综合力学性能，可用于制造各种机器零件。高碳钢（C>0.6%）中亚共析成分的钢，其强度和弹性极限较高，宜于制造弹簧、板簧等；过共析成分的高碳钢具有高的硬度和耐磨性，多用于制作工具、模具等。

白口铸铁的硬度高，耐磨性好，脆性大，铸造性能优良，适用于制作耐磨、不受冲击、形状复杂的铸件，如球磨机磨球、衬板等。

2. 在制订热加工工艺方面的应用

（1）铸造。根据 Fe-Fe_3C 相图中的液相线，可以确定合适的浇铸温度。浇铸温度一般在液相线以上 $50\sim100℃$。此外，由相图可知，共晶成分的合金熔点最低，结晶温度范围最小，具有良好的铸造性能，故生产中多采用接近共晶成分的铸铁制作铸件。

（2）锻造和轧制。钢在奥氏体状态下强度低、塑性好，便于进行塑性变形，因此钢的锻造、轧制温度必须选择在单相奥氏体区域内。一般始锻、轧温度控制在固相线之下 $100\sim200℃$，以免钢材严重氧化或发生晶界熔化；终锻、轧温度不能过低，以免因钢材塑性变差而产生锻、轧裂纹。

（3）焊接。由于焊接时，由焊缝到母材各区域的加热温度不同，这样在随后的冷却过程中就可能出现不同的组织与性能。对于碳钢，可以根据铁碳相图来分析焊缝组织。

（4）热处理。钢材的热处理（如退火、正火、淬火等）温度都得依靠 Fe-Fe_3C 相图来选择，这将在钢的热处理一章中详细介绍。

应当指出，Fe-Fe_3C 相图是在极其缓慢的冷却条件下测得的，而实际生产中的加热和冷却速度都比较快，因此实际生产中所获得的组织的分析，用 Fe-Fe_3C 相图还有一定的局限性。另外，Fe-Fe_3C 相图只反映了碳对铁碳合金的影响，而工业中使用的钢铁材料，常含有其他合金元素，它们对 Fe-Fe_3C 相图也有影响，这将在以后有关章节中予以讨论。

复 习 思 考 题

1. 什么是金属材料的强度、塑性、硬度、冲击韧性？
2. 为什么机械零件大多以 R_e 为设计依据？
3. 什么叫屈强比？它有何实际意义？
4. 什么是疲劳破坏？如何提高零件的疲劳抗力？
5. 解释下列名词：晶格、晶胞、致密度、过冷度。
6. 试画出常见的金属晶体结构，并指出 α-Fe、γ-Fe、Al、Cu、Cr、Mo、W、V、Mg、Zn 等各属于何种晶体结构。
7. 什么叫结晶？结晶过程是怎样进行的？
8. 实际金属的晶体结构有哪些缺陷？它们对金属的性能有什么影响？

9. 什么是加工硬化？试述其产生的原因与利弊。

10. 用一冷拉钢丝绳吊装一大型工件入炉，并随工件一起加热到 1000℃，进行保温。保温完毕再次吊装工件时，钢丝绳发生断裂，试分析原因。

11. 解释下列名词：合金、组元、相。

12. 什么是固溶体和金属化合物？它们的特性如何？

13. 解释下列名词并说明其性能：铁素体、奥氏体、渗碳体、珠光休。

14. 画出简化后的 Fe-Fe₃C 相图，并完成：（1）标出相图中各个区域的组织组成物；（2）分析含碳量为 0.40%、0.77%、1.2% 的钢的结晶过程以及室温下的平衡组织。

15. 20（$W_c=0.20\%$）、45（$W_c=0.45\%$）、T8（$W_c=0.8\%$）、T12（$W_c=1.2\%$）钢的力学性能有何不同？试从四种钢的显微组织方面来说明。

第二章　钢 的 热 处 理

钢的热处理是指将钢在固态进行加热、保温和冷却来改变钢的组织，从而改变钢的性能的工艺，称为热处理。热处理的加热、保温和冷却这三个阶段，可以用热处理工艺曲线来表示，见图 2-1。

热处理是提高金属材料使用性能的有效途径，也是改善金属材料加工性能的重要手段。绝大多数重要的机械零件都要进行热处理。例如，汽轮机的叶片、转子、紧固件、铸件等均要经过热处理。

根据加热和冷却规范的不同，热处理可以分为普通热处理（包括退火、正火、淬火、回火）与表面热处理（包括表面淬火与表面化学热处理）。

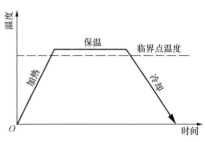

图 2-1　热处理工艺曲线

第一节　钢 在 加 热 时 的 转 变

热处理的第一道工序就是加热，在多数情况下，其目的主要是获得细小的奥氏体，钢中奥氏体的形成过程称为钢的奥氏体化。加热时奥氏体化的程度和晶粒大小对冷却转变后的组织和性能都有很大的影响。

一、加热温度的确定

铁碳合金相图是确定加热温度的理论基础。由铁碳合金相图知道，钢在常温下的平衡组织是铁素体和珠光体（亚共析钢）、珠光体（共析钢）、珠光体和二次渗碳体（过共析钢）。将这些钢缓慢加热时，组织将按铁碳合金相图发生转变。共析钢加热温度超过 A_1 临界点后，珠光体就转变为奥氏体。亚共析钢加热温度超过 A_1 临界点后，珠光体转变为奥氏体；继续加热到温度超过 A_3 临界点后，铁素体也全部溶入奥氏体。过共析钢加热温度超过 A_1 临界点后，珠光体转变为奥氏体；继续加热到温度超过 A_{cm} 临界点后，渗碳体全部溶入奥氏体。

碳钢在缓慢加热和冷却过程中，其固态下的组织转变温度分别是 A_1、A_3、A_{cm}，A_1、A_3、A_{cm} 为平衡临界点。所以，实际加热时的转变温度总是高于 A_1、A_3、A_{cm} 平衡临界点，实际冷却时的转变温度总是低于 A_1、A_3、A_{cm} 平衡临界点。因此，实际加热时的转变温度用 A_{c1}、A_{c3}、A_{ccm} 表示，实际冷却时的转变温度用 A_{r1}、A_{r3}、A_{rcm} 表示。

二、奥氏体化过程

以共析钢为例来说明奥氏体化过程。将共析钢加热到 A_{c1} 时，珠光体向奥氏体转变。奥氏体化大致可分为四个过程，如图 2-2 所示。

1. 奥氏体形核

在铁素体与渗碳体的交界面上形成奥氏体晶核。因为界面上的碳浓度不均匀，原子排列也不规则，位错、空位密度较高，这样，在浓度和结构上为奥氏体晶核的形成提供了有利条件。

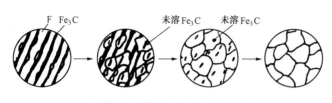

图 2-2　共析钢奥氏体形成过程示意

2. 晶核长大

奥氏体晶核形成后，便是晶核的长大。在与铁素体接触的方向上，铁素体通过晶格改组向奥氏体转变；在与渗碳体接触的方向上，渗碳体不断溶入奥氏体。

3. 残余渗碳体的溶解

就晶格的差异和含碳量的悬殊而论，铁素体较渗碳体更接近于奥氏体。因此，在奥氏体晶核长大时，总是铁素体较渗碳体先完成其转变，即在铁素体全部消失后还存在少量渗碳体未溶解，这部分未溶解的渗碳体称为残余渗碳体。随着保温时间的延长，残余渗碳体继续向奥氏体中溶解，直至完全消失。

4. 奥氏体均匀化

在刚形成的奥氏体晶粒中碳浓度是不均匀的。原先属于渗碳体的位置，碳浓度较高；原先属于铁素体的位置，碳浓度较低。为此，需要继续保温，通过碳原子的扩散获得成分均匀的奥氏体。

珠光体刚完成向奥氏体的转变时，其晶粒细小，若继续加热或延长保温时间，奥氏体晶粒会继续长大。奥氏体晶粒粗化后，热处理后钢的晶粒就粗大，使钢的强度和韧性降低。因此，加热时应防止奥氏体晶粒粗化。

对于亚共析钢和过共析钢来说，除了加热时发生珠光体向奥氏体的转变外，还有铁素体或渗碳体向奥氏体转变或溶解的过程。因此，对于亚共析钢和过共析钢，只有加热至 A_{c3} 或 A_{ccm} 以上并保温足够时间，才能得到单相奥氏体。

第二节　奥氏体在冷却时的转变

奥氏体的冷却转变直接控制着钢冷却后的组织和性能，是热处理工艺的关键。奥氏体的冷却方式通常有等温冷却和连续冷却两种，如图 2-3 所示。现以共析钢为例来讨论两种冷却方式下的转变。

一、奥氏体的等温转变

奥氏体的等温转变是将奥氏体化的钢迅速冷却到低于 A_{r1} 的某一温度，等温一段时间，使过冷奥氏体在此温度下完成其转变过程。处于 A_1 点以下的奥氏体是不稳定的，必然要发生转变，但这种转变要经过一定的时间才能发生。这种被冷却到 A_1 点以下暂时存在的奥氏体，称为过冷奥氏体。

奥氏体等温转变曲线是用来分析过冷奥氏体的转变温度、转变时间和转变产物之间关系的，是研究过冷奥氏体等温转变的重要工具。下面介绍用金相硬度法测定共析钢的奥氏体等温转变曲线。

用共析钢制成若干小薄片试样（$\phi10\times1.5mm$），将其加热到 A_{c1} 以上某一温度并保温，使其组织为均匀的奥氏体。然后分别将试样迅速投入不同温度（如 660、600、

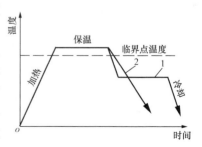

图 2-3　不同冷却方式示意
1—等温冷却；2—连续冷却

550℃…）的盐浴中等温；每隔一定的时间取出一块试样迅速投入水中，冷却后观察其显微组织并测定硬度，便可测出过冷奥氏体开始转变和转变终了时间。在温度—时间坐标图上标出所有的转变开始点和终了点，并分别连接各开始转变点和转变终了点，便得到如图 2-4 所示的奥氏体等温转变曲线。由于该曲线形状似英文字母"C"，所以又常叫 C 曲线。对于不同成分的钢，其 C 曲线的形状是不同的。

图 2-4 中，左曲线为过冷奥氏体等温转变开始线，右曲线为过冷奥氏体等温转变终了线。在转变开始线的左边是过冷奥氏体区；转变终了线之右为转变产物区；两条曲线之间为转变进行区，即过冷奥氏体和转变产物共存区。在不同温度下，过冷奥氏体的稳定性是不同的。转变开始线到纵坐标轴之间的水平距离，称为过冷奥氏体在对应温度下的孕育期。由图可见，在 C 曲线的"鼻尖"（约 550℃）孕育期最短，过冷奥氏体最不稳定。

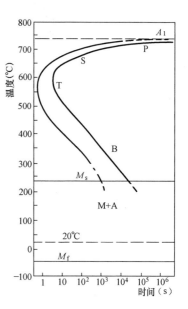

图 2-4　共析钢的 C 曲线

若将奥氏体化的钢迅速投入水中冷却，奥氏体将不发生上述等温转变，而是在 230℃ 开始转变为马氏体，到 −50℃ 奥氏体向马氏体转变终了，图中 M_s、M_f 线分别为奥氏体向马氏体转变的开始线和终了线。

奥氏体等温转变的产物因等温温度不同而不同：

当等温温度在 A_1～550℃ 时，过冷奥氏体转变为珠光体型组织，但随着过冷度的增大，珠光体的片层逐渐变薄，按照珠光体中渗碳体的片层间距，可将其分为三类：

（1）在 A_1～650℃ 范围内，奥氏体转变为粗珠光体，用 P 表示。

（2）在 650～600℃ 范围内，奥氏体转变为细珠光体，称为索氏体，用 S 表示。

（3）在 600～550℃ 范围内，奥氏体转变为极细珠光体，称为屈氏体，用 T 表示。

珠光体、索氏体、屈氏体本质上都是铁素体与渗碳体的机械混合物，只是片层的厚度不同而已。片层越薄，塑性变形的抗力越大，则强度、硬度越高，塑性、韧性也有所改善。

当等温温度在 550℃～M_s 时，过冷奥氏体转变为贝氏体组织，用 B 表示，即过饱和铁素体和极为分散的渗碳体的机械混合物。在 550～350℃ 范围内形成的贝氏体称为上贝氏体，硬度为 40～45HRC。上贝氏体在显微镜下呈羽毛状，见图 2-5。细小的渗碳体分布在铁素体条之间，易引起脆断，因此上贝氏体的强度和韧性较差。温度为 350～230℃ 时，转变组织为下贝氏体，在显微镜下呈针状，它比上贝氏体具有较高的硬度（45～55HRC），以及较高的强度、塑性与韧性相配合的综合力学性能。生产上常用"等温淬火"的方法来获得下贝氏体，以获得良好的综合力学性能。

当将奥氏体过冷到 M_s 以下，过冷奥氏体转变为马氏体（M）组织。但这种转变是在连续冷却过程中进行的，故在奥氏体的连续冷却转变中介绍。

不同含碳量的钢，C 曲线的形状和位置不同。由铁碳合金相图可知，亚共析钢和过共析钢自奥氏体状态冷却时，先有铁素体或渗碳体的析出过程，随后才发生珠光体转变。因此，在亚共析钢 C 曲线上部多一条铁素体的析出线，而过共析钢则多一条渗碳体的析出线，如图 2-6 所示。对于亚共析钢，含碳量增高，过冷奥氏体稳定性增加，C 曲线右移；而对过共

图 2-5　贝氏体显微组织

（a）上贝氏体；（b）下贝氏体

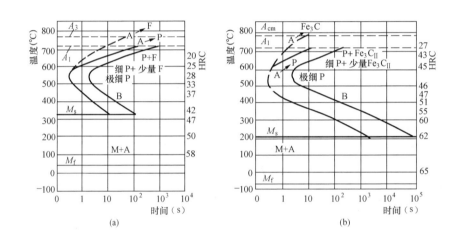

图 2-6　亚共析钢、过共析钢的 C 曲线

（a）亚共析钢的 C 曲线；（b）过共析钢的 C 曲线

析钢，含碳量增高，过冷奥氏体稳定性下降，C 曲线左移。合金元素的影响较复杂，一般来说，除钴以外，所有溶入奥氏体的合金元素都增大过冷奥氏体的稳定性，使 C 曲线右移。

二、奥氏体的连续冷却转变

在实际生产中，如一般淬火、正火、退火等，过冷奥氏体的转变大多数是在连续冷却的过程中进行的，故研究过冷奥氏体的连续冷却转变，对实际生产具有重要的指导意义。

（一）奥氏体的连续冷却转变曲线

奥氏体的连续冷却转变是将高温奥氏体连续冷却，使过冷奥氏体在不同的过冷度下连续进行转变。图 2-7 为用实验方法测定的共析钢的连续冷却转变曲线。图 2-7 中，P_s 线为过冷奥氏体转变为珠光体的开始线；P_f 线为过冷奥氏体转变为珠光体的终了线。两线之间即为奥氏体向珠光体转变的区域。若以 V_1 速度冷却得到珠光体；以 V_2 速度冷却得到细珠光体和极细珠光体；以 V_3、V_4 速度冷却均得到马氏体。其中 V_3 冷却速度与 P_s 线相切，是奥氏体全部过冷到 M_s 以下转变为马氏体的最小冷却速度，称为临界冷却速度。

共析钢的连续冷却转变曲线位于 C 曲线的右下方，说明连续冷却时奥氏体向珠光体的转变温度要低些，转变要滞后些，而且连续冷却转变曲线没有等温转变曲线的下半段，则共析钢连续冷却时不形成贝氏体组织。另外，连续冷却转变是在一个温度范围内进行的，所以得到的转变产物往往不可能沿零件截面均匀一致。

（二）用 C 曲线近似分析连续冷却转变

由于连续冷却转变曲线的测定比较困难，所以工程上常参照等温转变曲线来近似地、定性地分析连续冷却转变过程。为了预测某种钢在某一冷却速度下所得到的组织，可将此冷却速度线画在该钢种的等温转变曲线上，根据冷却速度线与等温转变曲线相交的位置来估计所得到的组织，见图 2-8。

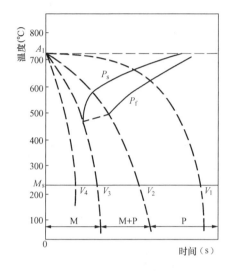

图 2-7 共析碳钢连续冷却转变曲线

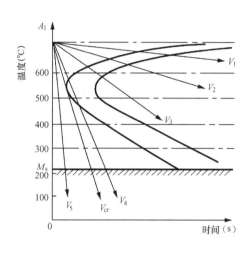

图 2-8 在共析钢 C 曲线上的
连续冷却速度线

图 2-8 中，V_1 冷却速度线相当于随炉冷却（退火）的情况，它与 C 曲线交于 700～650℃温度范围，估计过冷奥氏体转变为珠光体组织；V_2 冷却速度线相当于空冷（正火）的情况，它与 C 曲线交于 650～600℃温度范围，估计过冷奥氏体转变为细珠光体；V_3 冷却速度得到的组织是极细珠光体；V_4 先与珠光体转变开始线相割，随后又与 M_s 相交，冷却到室温得到的组织是极细珠光体、马氏体、残余奥氏体；V_5 速度线不与 C 曲线相交，奥氏体直接过冷到 M_s 以下转变为马氏体；V_{cr} 为将奥氏体全部过冷到 M_s 以下转变为马氏体的最小冷却速度，为临界冷却速度。显然，只要冷却速度大于 V_{cr} 就能得到马氏体组织。

亚共析钢或过共析钢的连续冷却转变曲线比共析钢复杂一些，在此不再讨论。

（三）过冷奥氏体向马氏体的转变

碳在 α-Fe 中的过饱和固溶体，称为马氏体。一般来说，当 C＜0.25％时，马氏体仍为体心立方晶格；当 C＞0.25％时，马氏体为体心正方晶格。

马氏体的形态主要有板条马氏体和片状马氏体两种，见图 2-9。当奥氏体含碳量小于0.2％时，淬火组织中马氏体几乎全部是板条状，板条马氏体也称低碳马氏体；当奥氏体含碳量大于1％时，淬火组织中马氏体几乎全部是片状，片状马氏体也称高碳马氏体。含碳量在 0.2％～1％的碳钢淬火组织为片状马氏体和板条马氏体的混合组织。

马氏体的力学性能与其含碳量有关。马氏体的硬度随含碳量的增加而增加，但当其含碳量超过 0.6％时，由于残余奥氏体的增多，硬度增加甚微。高碳马氏体硬而脆，低碳马氏体

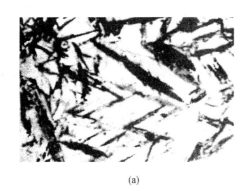
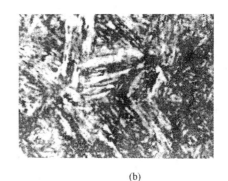

(a)　　　　　　　　　　　　　　　　　　　(b)

图 2-9　马氏体的显微组织
(a) 高碳马氏体；(b) 低碳马氏体

具有较高的硬度和强度，而且韧性也较好，这种强度和韧性的良好配合，使低碳马氏体得到了广泛的应用。

马氏体转变在 $M_s \sim M_f$ 温度范围内进行，温度停止下降，转变也立即中断。奥氏体中含碳量越高，M_s、M_f 越低，当含碳量大于 0.5% 后，M_f 已降至 0℃以下。因此高碳钢淬火后总有少量奥氏体被保留下来，这部分奥氏体称为残余奥氏体（Ar）。要使残余奥氏体继续转变为马氏体，只有将钢冷至 0℃以下，这种处理称为"冷处理"。实际上，即使把奥氏体过冷到 M_f 之下，仍有少量 Ar 存在。这是由于马氏体的比容是所有组织中最大的，马氏体形成时体积要膨胀，造成对尚未转变的奥氏体的压应力，阻碍了奥氏体向马氏体的转变。奥氏体的含碳量越高，马氏体的比体积就越大。马氏体形成时体积的膨胀将引起很大的内应力，这是钢淬火时产生变形和开裂的重要原因。

第三节　钢的普通热处理

热处理工艺按其作用可分为预备热处理和最终热处理两类。预备热处理是为了消除热加工（铸、锻、轧、焊等）所造成的缺陷，或为随后的冷加工和最终热处理作准备的热处理；最终热处理是使工件获得使用性能的热处理。

一、钢的退火和正火

（一）退火

把钢件加热到略高于或略低于临界点（A_{c1}、A_{c3}）某一温度，保温一定时间，然后缓慢冷却（一般随炉冷却），这一工艺过程叫退火。

退火的目的是细化晶粒，改善钢的力学性能；降低硬度，提高塑性，以便进一步切削加工；去除或改善前一道工序造成的组织缺陷或内应力，防止工件的变形和开裂。

生产上常用的退火方法有以下几种。

1. 完全退火

完全退火是把钢加热到 A_{c3} 以上 30～50℃，保温一定时间，然后缓慢（随炉）冷却至600℃以下出炉空冷至室温的热处理工艺。

完全退火适用于亚共析成分的钢。完全退火后的组织为铁素体和珠光体。通过完全退火可以细化晶粒，消除内应力，降低硬度，有利于切削加工。

2. 球化退火

球化退火是将钢件加热到 A_{c1} 以上 20~30℃的温度，保温一定时间后，随炉缓冷或在 A_{r1} 以下 20℃左右等温一定时间，使渗碳体球化，然后在 600℃以下出炉空冷至室温的热处理工艺。

球化退火主要用于共析钢、过共析钢及合金工具钢。通过球化退火，使钢中的层片状和网状渗碳体变成球（粒）状渗碳体，这种在铁素体基体上均匀分布着球状渗碳体的组织称为球状珠光体。球状珠光体远较层片状珠光体与网状渗碳体的硬度低。因此，通过球化退火，降低了硬度，改善了切削加工性，并为淬火作组织准备。

3. 去应力退火

去应力退火也称低温退火。去应力退火是将工件缓慢加热到 A_{c1} 以下 100~200℃（一般为 500~600℃），适当保温后随炉缓慢冷却的热处理工艺。

去应力退火一般用于铸件、锻件及焊接件。钢在这一过程中不发生组织变化，但其内应力得到消除。

（二）正火

正火是将工件加热至 A_{c3} 或 A_{ccm} 以上 30~50℃，保温后从炉中取出在空气中冷却的一种热处理工艺。正火比退火的冷却速度要快些，得到的组织细一些，一般可获得索氏体组织，力学性能高于退火。

正火的主要目的是细化晶粒，均匀组织，改善钢的力学性能；消除铸、锻和焊接件的内应力；调整硬度，以改善切削加工性。

正火可用于普通结构零件的最终热处理及重要零件的预备热处理。例如：发电厂使用的 20 钢锅炉钢管，如水冷壁管，通常用正火作最终热处理，以得到比退火高的强度、硬度和塑性等力学性能。20 钢钢管的正火温度为 900~930℃，如图 2-10 所示。过共析钢在球化退火前用正火来消除组织中的网状渗碳体。

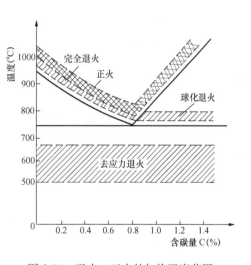

图 2-10　退火、正火的加热温度范围

正火也可用于改善低碳钢的切削加工性。一般认为，金属材料的硬度在 160~230HBS 范围内切削加工性能较好，而低碳钢退火状态的硬度普遍低于 160HBS，切削时易"粘刀"，零件的表面质量也较差，经正火后，可适当提高其硬度，改善切削加工性。

二、钢的淬火与回火

淬火和回火是紧密联系的两种热处理工艺，一般作为钢的最终热处理。

（一）淬火

将钢加热到 A_{c3} 或 A_{c1} 以上 30~50℃，保温后快速冷却的一种热处理工艺，称为淬火。淬火是使钢强化的最重要的方法，其主要目的是获得马氏体组织，提高钢的力学性能。电厂中的重要零部件如汽轮机叶片、紧固件等都要经过淬火和回火处理，以获得优良的使用性能。

淬火能否得到预期的目的，与淬火温度、保温及冷却速度等紧密相关。

1. 淬火温度的选择

对亚共析钢，淬火温度为 $A_{c3}+$ （30～50)℃，淬火后的组织为均匀细小的马氏体。若淬火温度低于 A_{c3}，则淬火后组织为马氏体和被保留下来的原始组织中的铁素体。铁素体的存在会引起软点，使钢淬火后硬度不足。如果淬火温度过高，由于奥氏体晶粒粗化，将得到粗大的马氏体，使钢的性能变坏，并且会引起严重的变形。

对过共析钢，淬火温度为 $A_{c1}+$ （30～50)℃，淬火后的组织为均匀细小的马氏体和均匀分布在马氏体基体上的粒状二次渗碳体。如果淬火温度过高，不仅淬火后得到粗大的马氏体，使钢的脆性增大，而且会由于渗碳体溶解过多，使奥氏体含碳量增高，从而降低马氏体转变温度，增加了淬火钢中的残余奥氏体，使钢的硬度和耐磨性降低。同时，过高的淬火温度也增大了淬火变形与开裂的倾向。

对于合金钢，由于大多数合金元素（除 Mn、P 外）阻碍奥氏体晶粒长大，因此，它们的淬火温度应稍高于根据临界点所确定的加热温度，这样可以使合金元素充分溶解于奥氏体中，以保证较好的淬火效果。

2. 淬火的冷却

淬火时的冷却速度必须大于临界冷却速度，但过快的冷却又会增加内应力，导致工件的变形和开裂。显然，淬火冷却是决定淬火质量的关键。生产中常通过选择和寻找适当的淬火冷却介质，并结合改进淬火冷却方法来保证淬火的质量。

生产中常用的淬火冷却介质是水和油。水在 C 曲线"鼻尖"附近即 650～550℃冷却能力很大，在马氏体形成时即 300～200℃冷却能力也很大，水中加入盐或碱只能提高 650～550℃区间的淬火能力。因此，用水或水溶液冷却能避免非淬火组织的出现，但易引起零件的变形和开裂，水和水溶液主要用于结构简单、截面尺寸较大的碳钢零件的淬火。各种矿物油（如机油、变压器油）的优点是在 300～200℃冷却能力小，有利于减小钢件的变形，但在 650～550℃冷却能力也低，稍大一点的碳钢件就不能淬成马氏体。因此，油一般用于合金钢零件和碳钢小零件的淬火。

近年来，国内外在淬火介质上有很大发展。目前，广泛研究和采用冷却能力介于水和油之间的冷却介质——水溶性（高分子聚合物）淬火剂。水溶性淬火剂可以与水以任意比例无限互溶，用普通自来水稀释即可使用。水溶性淬火剂的突出优点是无毒、无油烟、无着火危险、冷速可调、有效寿命长、淬火后工件可不清洗而直接回火等。

3. 淬火时的内应力

钢件在淬火冷却时，会产生很大的内应力，淬火时的内应力来自两个方面，即热应力和组织应力。热应力是由于工件各部分的冷却速度不一致，如工件的中心比表面冷却慢、厚截面比薄截面冷却慢，这种不均匀的冷却使得工件各部分温度不一致而引起各部分收缩不一致，从而产生热应力。组织应力是由于冷却中工件各部分温度不同，使工件冷却时的相变不可能在同时间内进行，而钢在不同的组织状态下，其比体积各不相同，淬火后得到的马氏体比体积最大，因而造成体积膨胀，引起内应力，即组织应力。

淬火时产生的内应力是造成工件变形甚至开裂的重要原因。当内应力大于钢材的屈服强度时，就产生变形；当内应力大于钢材的抗拉强度时，就产生开裂。

4. 常用淬火方法

生产上常用的淬火方法有单液淬火、双液淬火、分级淬火、等温淬火法，见图 2-11。

（1）将钢件奥氏体化后放入一种介质中冷却淬火，称为单液淬火，如水淬、油淬等。这种方法操作简单，容易实现机械化、自动化，但容易产生淬火缺陷。

（2）将钢件奥氏体化后，先放入一种冷却能力较强的介质中冷至接近 M_s 点温度，立即转入另一种冷却能力较弱的介质中冷却，使马氏体转变在缓冷的条件下进行，这种淬火方法称为双液淬火。例如，先水淬后油淬。双液淬火使马氏体转变在缓冷中进行，减小了内应力，从而有效地减小了变形和开裂，但此法操作复杂。双液淬火适用于形状复杂的碳钢件（如工具、模具等）的淬火。

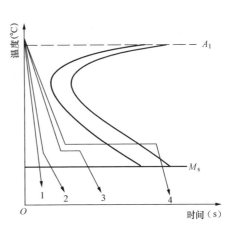

图 2-11　常用淬火方法示意
1—单液淬火；2—双液淬火；
3—分级淬火；4—等温淬火

（3）将钢件奥氏体化后迅速放入稍高于 M_s 点温度的盐浴或碱浴中，并稍加停留，待其表面和心部与介质温度基本相同后，再取出空冷，使过冷奥氏体转变为马氏体，这种淬火方法称为分级淬火。分级淬火不仅比双液淬火容易掌握，而且减小了工件的表里温差，从而减小了变形和开裂的倾向。分级淬火适用于形状复杂的小工件，如刀具等的淬火。

（4）将钢件奥氏体化后迅速放入稍高于 M_s 点温度的盐浴或碱浴中，并保温足够长的时间，使其在等温的过程中完成下贝氏体转变，然后取出空冷，这种淬火方法称为等温淬火。等温淬火大大降低了淬火内应力，减小了变形，而且所得到的下贝氏体组织具有高的强度、硬度和韧性，也不必进行回火，但所需时间长、生产率低。等温淬火适用于形状复杂、尺寸精确的小工件，如工具、模具、弹簧、小齿轮等。

5. 钢的淬透性

在淬火时，小截面零件淬火后，表面和心部的冷却速度都大于临界冷却速度，则表面和心部均可淬透而得到马氏体。但较大截面零件淬火时，由于表面和心部冷速不同，心部冷却速度小于临界冷却速度，则表层得到马氏体，而心部有非马氏体组织出现，即钢件未被淬透，这时只是在从表面到心部的一定深度上获得了马氏体组织。一般规定从钢件表面到半马氏体区（即马氏体和非马氏体组织各占一半）的深度作为淬硬层深度，并把钢件在一定条件下淬火时获得淬硬层深度的能力，定义为淬透性。它表示钢接受淬火的能力。在同一淬火条件下，获得淬硬层越深的钢，其淬透性就越好。

显然，钢的淬透性与钢的临界冷却速度密切相关。所有能使 C 曲线右移，从而降低临界冷却速度的因素，都能提高钢的淬透性。

钢的淬透性主要取决于钢的化学成分。碳钢的含碳量越接近共析成分，则临界冷却速度越小，钢的淬透性就越好；反之，碳钢的含碳量离共析成分越远，则临界冷却速度越大，钢的淬透性就越低。除 Co 外，大多数合金元素都能显著提高钢的淬透性，尤其是微量的硼能强烈提高钢的淬透性。钢中合金元素的含量越高，提高淬透性的作用就越显著。

（二）回火

回火是将淬火钢加热到 A_1 以下的某一温度，保温后在油中或空气中冷却的一种热处理工艺。

大多数钢淬火后虽然获得了高的硬度，但脆性大，不能直接使用。通过回火处理，可以降低脆性，提高韧性和塑性，从而满足对工件使用性能的要求。淬火钢存在较大的内应力，容易引起工件的变形和开裂。及时通过回火处理，可以减小或消除内应力。淬火钢中马氏体和残余奥氏体是不稳定组织，都有自发地向稳定组织（铁素体和渗碳体）转变的倾向，从而引起工件尺寸的变化。通过回火使其转变为较为稳定的组织，以保证工件在使用过程中的尺寸稳定性。

根据回火的加热温度，一般将回火分为三类。

1. 低温回火（150～250℃）

低温回火的目的是降低淬火内应力和脆性，并保持淬火后的高硬度和高耐磨性。淬火钢在该温度范围内保温，马氏体中的碳会以细小的过渡碳化物形式析出，降低了马氏体中碳的过饱和度。其组织是回火马氏体（碳在 α-Fe 中的过饱和固溶体和 $Fe_{2.4}C$ 组成的组织），硬度为 58～64HRC。低温回火主要用于各种工具、模具及滚动轴承、渗碳件等。

2. 中温回火（350～500℃）

中温回火的目的是得到回火屈氏体（铁素体和细粒状渗碳体的机械混合物）组织。它具有高的弹性极限和屈服强度，同时具有较高的韧性，硬度为 35～45HRC。中温回火常用于弹簧和某些高强度零件。

3. 高温回火（500～650℃）

高温回火的目的是得到回火索氏体（铁素体和粒状渗碳体的机械混合物），硬度为 20～35HRC，其性能特点是既具有足够的强度，又具有良好的塑性和韧性，即具有较好的综合力学性能。淬火加高温回火的工艺称为调质处理。汽轮机的大轴、叶轮、叶片等均采用调质处理。高温回火也广泛用于电厂高压蒸汽管道的焊后热处理。

回火时，随回火温度的升高，钢的强度、硬度降低，塑性、冲击韧性升高，但冲击韧性不是简单的上升。钢的韧性在 200℃ 以下回火时，有些提高，但在 250～300℃ 回火时反而降低，这种现象称为钢的第一类回火脆性或低温回火脆性。几乎所有的钢都存在这类脆性，是一种不可逆的回火脆性。其产生的主要原因是碳化物沿马氏体的晶界析出，破坏了马氏体之间的联系，引起脆性的增加。因此，要避免在 250～300℃ 范围内回火。

某些合金钢（如铬钼钢、铬锰硅钢、铬镍钢等）不仅在 250～300℃ 会出现脆性增加的现象，在 550℃ 左右还会出现一次脆性增加的倾向。这种回火脆性称为第二类回火脆性或高温回火脆性。其产生的原因主要是杂质元素（如磷、锡、锑等）在原奥氏体晶界偏聚的结果。减少钢中杂质元素的含量，加入钼、钨等防止偏聚的元素，或采取回火后快冷的方法，均可有效地抑制高温回火脆性。

第四节　表面热处理

生产中有许多在扭转、弯曲以及交变载荷或易磨损条件下工作的零件，如轴、齿轮、凸轮等，要求其表面有高的强度、硬度、耐磨性、疲劳强度，而心部保持足够的塑性和韧性。采用表面热处理即表面淬火和化学热处理是满足上述要求的有效方法。

一、表面淬火

仅对钢的表面加热和冷却而不改变钢表层化学成分的热处理工艺称为表面淬火。它是通过快速加热使钢表层奥氏体化，不等热量传至心部，立即快速冷却，使表层获得硬而耐磨的马氏体，心部仍为塑性、韧性较好的退火、正火或调质状态的组织。

表面淬火的加热方法最常用的是火焰加热和感应加热。火焰加热表面淬火是用乙炔-氧或煤气-氧混合气体的火焰喷射到钢件表面，使其快速加热到淬火温度，随即喷水冷却，如图 2-12 所示。火焰加热表面淬火方法简单，但加热温度不易控制，易过热，淬火质量不稳定，故应用不广。

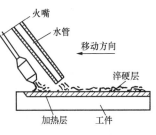

图 2-12 火焰加热表面淬火示意

感应加热表面淬火是将工件置于通以一定频率交流电的线圈中，利用钢件表面的感应电流对钢件表面快速加热至淬火温度，然后喷水冷却，使钢件表面淬硬的一种热处理工艺。感应加热表面淬火温度容易控制，加热速度快，不易产生氧化、脱碳及变形，是目前应用得较为广泛的表面淬火工艺。

二、化学热处理

化学热处理是将钢件置于一定介质中加热和保温，使介质中的活性原子渗入工件表层，以改变表层的化学成分和组织，从而使工件表层具有某些特殊的力学或物理、化学性能的一种热处理工艺。常见的化学热处理有渗碳、渗氮、碳氮共渗、渗金属等。

（一）渗碳

渗碳是向钢的表层渗入碳原子的过程，即把零件置于渗碳介质中加热至 $900\sim950℃$ 保温，使钢件表层增碳。其目的是使工件表层具有高的硬度、耐磨性，心部保持一定的强度和韧性。渗碳零件用钢的含碳量小于 0.25%。渗碳后再对工件进行淬火和低温回火处理。渗碳方法有固体渗碳、气体渗碳和液体渗碳，常用的是前两种。

固体渗碳是将工件置于四周填满渗碳剂（木炭和碳酸盐）的箱内，然后送入炉中加热至渗碳温度，并保温一定时间，使渗碳剂分解出的活性碳原子渗入其奥氏体中，并向钢的内部扩散，从而形成一定深度的渗碳层。固体渗碳渗速较慢，质量难以控制，劳动条件较差，但由于简单易行，成本低，特别适用于单件、小批量生产。

气体渗碳是将工件置于密闭的加热炉中，通入渗碳剂（煤油、甲醇、苯等），并加热至渗碳温度，保温一定时间，使渗碳剂分解出的活性碳原子被工件表层吸收，并向钢的内部扩散，通过控制保温时间，从而得到一定深度的渗碳层。气体渗碳法渗碳过程易于控制，渗层质量好，易于实现机械化、自动化，生产效率高，适用于成批、大量生产，故应用较广。

低碳钢零件渗碳后，表面层含碳量 $0.85\%\sim1.05\%$ 为宜。低碳钢渗碳缓冷后的组织为表层珠光体-网状二次渗碳体，心部为铁素体-少量珠光体，两者之间为过渡区，越靠近表面层铁素体越少。一般规定碳钢从表面到过渡区的一半处厚度为渗层厚度。渗碳层厚度根据零件的工作条件和具体尺寸来确定。渗碳层太薄时，易引起表面疲劳剥落，太厚则经不起冲击，一般为 $0.5\sim2.5mm$。

（二）渗氮

渗氮又称氮化，是向钢的表层渗入氮原子的过程。其目的是提高工件表面的硬度、耐磨性、疲劳强度和耐蚀性等。为了保证工件心部的力学性能，消除内应力，渗氮的工件需先进行调质处理。由于氮化层很薄，一般不超过 $0.6\sim0.7mm$，因此，氮化往往是加工工艺路线中最后一道工序，氮化后至多再进行精磨或研磨，而不再进行切削加工及其他热处理而直接使用。

生产中应用的氮化方法很多，其中应用最广泛的是气体氮化法。气体氮化是通过氨气在加热时分解出来的活性氮原子被钢表面吸收并向内扩散，从而在钢表面形成一定深度的氮化层。气体氮化在专门的设备或井式炉中进行。

氮化按目的不同，可分为强化氮化和抗蚀氮化。强化氮化以提高工件表层的硬度、耐磨性及疲劳强度为主要目的。例如火电厂汽轮机喷嘴、主汽门套筒、阀杆等部件，是用38CrMoAl 制造，在氮化（一般为 500～570℃）过程中合金元素与氮形成硬度极高、弥散度很高的氮化物，使氮化层具有高硬度、高耐磨性，并且在 600℃ 以下也不明显降低。抗蚀氮化是为了提高零件表面对淡水、空气、过热蒸汽以及碱溶液的耐蚀性，其特点是氮化温度较高（一般为 600～700℃），保温时间较短，氮化层较薄。由于抗蚀氮化不要求表面硬度和耐磨性，因此碳钢、低合金钢、铸铁都可以进行抗蚀氮化。

（三）碳氮共渗

碳氮共渗也称氰化，是使钢的表面同时渗入碳、氮原子的工艺。目的是提高工件表层的硬度、耐磨性及疲劳强度等。效果比单一的渗碳或渗氮更好。所用钢种为低碳钢、低碳合金钢，有时也用中碳合金钢。在完成共渗工艺以后，需进行淬火和低温回火处理。

目前生产中应用较广的有中温气体氮碳共渗和低温气体碳氮共渗两种。

1. 中温气体碳氮共渗

在一定温度下同时将碳、氮渗入工件表层，并以渗碳为主的化学热处理工艺称碳氮共渗。由于共渗温度较高，它是以渗碳为主的碳氮共渗过程。因此处理后要进行淬火和低温回火。共渗深度一般为 0.3～0.8mm，共渗层表面组织由细片状回火马氏体、适量的粒状碳氮化合物以及少量残余奥氏体组成。表面硬度可达 58～64HRC。气体碳氮共渗所用的钢大多为低碳钢或中碳钢和合金钢，如 20CrMnTi。中温气体碳氮共渗与渗碳相比，具有处理温度低且便于直接淬火，变形小、共渗速度快、时间短、生产效率高、耐磨性高等优点。

2. 低温气体氮碳共渗

低温气体氮碳共渗实质上是以渗氮为主的共渗工艺，故又称气体氮碳共渗，生产上把这种工艺称为气体软氮化。常用的共渗温度为 560～570℃，由于共渗温度较低，共渗 1～3h，渗层可达 0.01～0.02mm。氮碳共渗具有温度低，时间短，工件变形小的特点，而且不受钢种限制，碳钢、合金钢、铸铁及粉末冶金材料均可进行氮碳共渗处理，达到提高耐磨性、抗咬合、疲劳强度和耐蚀性的目的。

（四）渗金属

常用的有渗铝及渗铬等，即用铬或铝等金属元素的原子渗入钢件的表面层，从而改变表面层的化学成分、组织和性能。渗铬及渗铝均能提高钢件表面的疲劳强度及高温抗氧化性。渗铝是火电厂设备常用的一种表面处理工艺，钢经渗铝后，有良好的抗高温氧化和抗硫腐蚀性能，常用于锅炉水冷壁管、过热器管、锅炉内耐热支吊架等部件的防腐。

第五节　焊 接 热 处 理

焊接是通过加热或加压，或两者并用，并且用（或不用）填充材料，使分离的金属材料达到原子间的结合而形成永久性连接的工艺。锅炉压力容器应用的焊接方法以熔化焊接为主，即把要连接的金属接头局部加热至熔化状态，再加入（或不加入）填充金属，靠熔化的金属冷却结晶成一体而形成永久接头。熔化焊接的一般过程：加热→熔化→冶金反应→结晶→固态相变→形成接头。

在焊接结构中，用焊接方法连接的部分称为焊接接头，焊接接头包括焊缝、熔合区和热影响区。热影响区是指焊接时，由于热源的作用，母材的组织和性能发生变化的区域。熔合区是指焊缝金属和母材金属的交界处，即焊缝向热影响区过渡的区域，此区域很窄，也称为熔合线。

由于焊接过程的局部加热和冷却，造成焊缝温度分布不均匀，一般冷却后组织也不均匀，因而不可避免地使焊件产生焊接应力。焊接应力包括焊接过程中产生的焊接瞬间应力和焊接之后残留在焊件内部的应力，即焊接残余应力。习惯所讲的焊接应力是指焊接残余应力。焊接应力往往是造成裂纹的直接原因，即使不造成裂纹，也会降低焊接结构的使用寿命和安全可靠性。

焊接热处理包括焊前热处理、后热和焊后热处理。

一、焊前热处理

焊前热处理也称焊前预热。焊前热处理是指钢材在焊接前先预热到一定温度，在此温度下进行焊接的加热工艺。

焊前预热的目的：降低焊后冷却速度，从而减小淬硬倾向及焊接应力；预热可以减小焊件热影响区的温度梯度，使其在比较宽的范围内获得较均匀地分布，有助于减小因温度差而造成的焊接应力。由此可见，预热是防止焊接裂纹的有效措施之一。

焊件焊接是否需要预热以及预热温度的选择，应根据钢材的成分、厚度、结构刚性、接头形式、焊接材料、焊接方法以及环境因素等综合考虑，并通过可焊性试验来确定。表2-1是火电厂常用钢种焊前预热温度规范。

表 2-1　　　　　　　火电厂常用钢种焊前预热温度规范（摘自 DL/T 819—2019）

钢　　种	管　材		板　材	
	壁厚/mm	预热温度/℃	壁厚/mm	预热温度/℃
含碳量≤0.35%碳素钢及其铸件	≥26	100～200	≥34	100～150
C-Mn（Q345）	≥15	150～200	≥30	
Mn-V（Q390、Q420）			≥28	
15NiCuMoNb5（WB36）、15MnNbMoR	≥20	150～200	≥20	150～200
1.5Mn-0.5Mo-V（14MnMoV、18MnMoNbg）	≥15	150～200	≥15	150～200
0.5Cr-0.5Mo（12CrMo） 1Cr-0.5Mo（15CrMo、ZG20CrMo）				
1Cr-0.5Mo V（12Cr1MoV） 1.5Cr-1Mo-V（15Cr1Mo1V、ZG15Cr1Mo1V） 2Cr-0.5Mo-W-V（12Cr2MoWVB） 1.75Cr-0.5Mo-V、2.25Cr-1Mo（12Cr2Mo） 3Cr-1Mo-V-Ti（12Cr3MoVSiTiB）10CrMo910	≥6	200～300	≥8	200～300

注　1. 当采用钨极氩弧焊打底时，可按下限温度降低50℃。
　　2. 当管子外径大于219mm或壁厚大于20mm（含20mm）时，应采用电加热法预热。

在执行表 2-1 规范时，应遵守下列规定：

（1）壁厚大于 6mm 的合金钢管、管件（如弯头、三通等）和大厚度板件在负温下焊接时，预热温度可按表 2-1 的规定值提高 20～50℃。

（2）壁厚小于 6mm 的合金钢管及壁厚大于 15mm 的碳素钢管在负温下焊接时也应适当预热。

（3）异种钢焊接时，预热温度应按焊接性能较差或合金成分较高的一侧选择。

（4）接管座与主管焊接时，应以主管规定的焊接温度为准。

（5）非承压件与承压件焊接时，预热温度应按承压件选择。

预热时的加热范围，对于对接接头每侧加热宽度不得小于板厚的 10 倍，一般在坡口的两侧各 75～100mm 应保持一个均热区域。可用火焰加热、感应加热、红外线加热等方法加热。

二、后热

后热是指对厚板结构的多层焊，在每道焊缝焊完后对焊接区再加热促进氢逸出的一种热处理工艺，所以又称消氢或去氢处理。

后热的目的是加热后加强和促进焊缝中的氢向外扩散，防止冷裂纹（延迟裂纹）的产生。氢来源于焊接材料和母材金属坡口表面带入熔池的水分和油污等。氢在焊缝中和热影响区的存在和扩散，是造成焊接冷裂纹的重要因素。

试验结果表明，国内常用的低合金钢，其避免延迟裂纹的后热温度与后热时间的关系如图 2-13 所示。

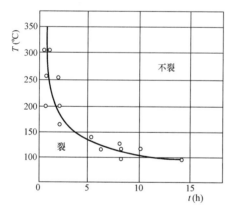

图 2-13　避免延迟裂纹的后热温度
与后热时间的关系（焊前预热 130℃）

三、焊后热处理

焊后热处理是将焊接接头加热到适当温度，并保温，然后缓慢冷却的工艺。经过正确的焊后热处理，可以降低焊接残余应力，软化淬硬区，改善焊缝和热影响区的组织和性能，降低含氢量等。

焊后热处理包括消氢热处理和高温回火。

（一）消氢热处理

消氢热处理是对于冷裂纹倾向性较大的低合金高强钢等材料的一种专门的焊后热处理，即在焊后立即将焊件加热到 250～350℃，保温 2～4h 后空冷。消氢热处理的目的，主要是使焊缝金属中的扩散氢加速逸出，大大降低焊缝和热影响区的含氢量，防止产生冷裂纹。消氢热处理的加热温度较低，不能起到松弛焊接应力的作用。对于焊后要求进行热处理的焊件，因为在热处理过程中可以达到除氢目的，不需要另作除氢处理。但是，焊后若不能立即进行热处理而焊件又必须及时除氢时，则要及时作除氢处理。

（二）高温回火

高温回火又称消除应力热处理或低温退火。高温回火是将焊接件加热到 A_1 以下某一温度，保温后缓冷。

焊后消除应力热处理的目的：消除或减少焊接残余应力，稳定工件的尺寸和形状；改善焊接接头的组织和性能，如塑性、韧性、软化淬硬区等；促进焊缝区氢的逸出，防止氢致裂纹的产生。

　　火电厂对焊件的热处理大多数是高温回火。在高温高压条件下运行的热力设备用材为耐热钢，而耐热钢的淬透性较高，焊后容易出现淬硬组织，像这样的焊接接头应按火电厂常用钢的热处理规范 DL/T 819—2019《火力发电厂焊接热处理技术规程》（见表2-2）进行焊后热处理，即高温回火。

表 2-2　　　　　　　　焊后热处理温度及恒温时间（摘自 DL/T 819—2019）

钢种	温度/℃	厚度/mm						
		<12.5	12.5～25	25～37.5	37.5～50	50～75	75～100	100～125
		恒温时间（h）						
C≤0.35（20 ZG25） C-Mn（Q345、Q420）	580～620	不必热处理		1.5	2	2.25	2.5	2.75
15NiCuMoNb5（WB36）、 15MnNbMoR	580～600	1	2	2.5	3	4	5	—
0.5Cr-0.5Mo（12CrMo）	650～700	0.5	1	1.5	2	2.25	2.5	2.75
1Cr-0.5Mo（15CrMo、ZG20CrMo）	670～700	0.5	1	1.5	2	2.25	2.5	2.75
1Cr-0.5Mo-V（12Cr1MoV） 1.5Cr-1Mo-V（15Cr1Mo1V） 1.75Cr-0.5Mo-V 2.25Cr-1Mo（10CrMo910）	720～750	0.5	1	1.5	2	3	4	5
1Cr5Mo、12Cr13	720～750	1	2	3	4			
2Cr-0.5Mo-W-V（12Cr2MoWVB） 3Cr-1Mo-V-Ti（12Cr3MoVSiTiB）	750～770	0.75	1.25	2.5	4	—	—	—
9Cr-1Mo 12Cr-1Mo		1	2	3	4	5	—	—

复 习 思 考 题

　　1. 归纳比较共析碳钢过冷奥氏体冷却转变中几种产物的特点填入表2-3。

表 2-3　　　　　　　共析碳钢过冷奥氏体冷却转变中几种产物的特点

转变产物	采用符号	形成条件	相组成物	显微组织特征	力学性能特点
珠光体					
索氏体					
屈氏体					
上贝氏体					
下贝氏体					
马氏体					

　　2. 临界冷却速度的意义是什么？它与 C 曲线的位置有什么关系？对淬火有什么实际意义？

　　3. 试比较下列材料经不同热处理后硬度值的高低，并说明其原因：

　　(1) 45 钢分别加热到 700、750℃和 840℃，投入水中快冷。

（2）T12 钢分别加热到 700、750℃和 900℃，投入水中快冷。

4. 什么是马氏体？马氏体组织形态有哪两种？马氏体的性能如何？

5. 试述退火、正火、淬火的目的及操作方法。

6. 什么是调质处理？钢经调质后获得什么组织？调质适用于哪些零件？

7. 什么叫回火？钢淬火后为什么必须及时回火？实际生产中常用哪几种回火工艺？各适用于哪些零件？

8. 什么是表面热处理？哪些零件需要进行表面热处理？

9. 什么是化学热处理？它与一般热处理比较有何特点？

10. 什么叫渗碳和渗氮？经渗碳和渗氮后钢具有什么特点？举例说明其在热力设备中的应用。

11. 渗铝常用于火电厂哪些零部件？有什么作用？

12. 常用焊后热处理方法有哪些？什么是焊后消氢热处理？有何效果？

第二篇　火电厂常用金属材料

第三章　钢

钢是应用最广泛的金属材料，按化学成分，钢可分为碳素钢和合金钢两大类。

第一节　碳　素　钢

碳素钢简称碳钢，是含碳量为 $0.02\% \sim 2.11\%$ 的铁碳合金。实际使用的碳钢其含碳量不超过 1.4%。它是目前应用最广、用量最多的金属材料。这不仅因为它的价格低廉、冶炼简便，同时它还能满足工业上的一般要求。碳钢还含有少量 Si、Mn、S、P、N、H、O 等杂质元素，这些杂质元素的存在，必然对钢的性能产生影响。

一、常存杂质元素对碳钢性能的影响

（一）硫（S）

硫是炼钢时随矿石和燃料带入钢中的。它几乎不溶于铁素体而与铁作用生成 FeS，FeS 与铁形成低熔点（985℃）的共晶体，分布在奥氏体晶界上。当钢在 $1100 \sim 1200℃$ 进行热加工时，这些共晶体熔化，导致钢沿晶界发生脆裂，这种现象称为热脆。此外，硫还降低钢的耐蚀性和焊接性能。因此，硫是一种有害的元素，其含量应严格控制。

（二）锰（Mn）

锰主要是炼钢时用锰铁脱氧而残留于钢中的。它除大部分溶于铁素体起固溶强化作用外，还可同硫生成 MnS，以消除或减轻硫在钢中的有害影响。因此，锰是一种有益的元素，在钢中的含量一般为 $0.25\% \sim 0.8\%$。

（三）硅（Si）

硅主要是炼钢时作为脱氧剂带入钢中的。硅在钢中大多溶入铁素体中起固溶强化作用，使钢的强度、硬度提高。由于碳钢中硅的含量一般不超过 0.4%，所以并不明显降低钢的塑性和韧性。因此，少量的硅对碳钢的性能有良好的影响，是一种有益的元素。

（四）磷（P）

磷也是由矿石和炼钢铁水带入钢中的。少量的磷在钢中全部溶入铁素体中，起强烈的固溶强化作用，使钢的强度、硬度显著提高，塑性、韧性急剧降低，特别是使钢的脆性转变温度升高，使钢在低温时冲击韧性下降更为严重，这种现象称为冷脆性。此外，钢中含磷量较高时，还使钢的焊接性能变坏。因此，磷在钢中是有害元素，除易切削钢和某些普通低合金钢外，钢中的含磷量也应严加控制。

（五）氢（H）

氢主要是由含水的炉料和浇铸系统带入钢中的。氢溶入钢中使钢的塑性、韧性降低，引起所谓"氢脆"。此外，随着温度的下降，氢在钢中的溶解度降低，析出的氢在钢的孔隙或非金属夹杂物处结合成氢分子而造成极高的压力，因而造成钢中的显微裂纹，这种裂纹内壁呈银白色，故称为白点。白点的存在大大降低了钢的力学性能，白点是钢中不允许存在的一种缺陷。因此，氢是钢中的有害元素。

（六）氮（N）和氧（O）

氮在钢中的存在会使钢的强度、硬度提高，塑性、韧性降低而脆性增大，因而含氮量过高对钢是有害的。炼钢是一个氧化过程，因此，钢中不可避免地存在氧。氧在钢中的存在会使钢的强度和塑性降低，特别是以氧化物夹杂的形式（如 FeO、SiO_2 等）存在时，会大大降低钢的疲劳强度。因此，氧是钢中的有害元素。

二、碳钢的分类、牌号和用途

（一）碳钢的分类

1. 按含碳量分类

按含碳量可分为低碳钢（C$\leqslant$0.25%）、中碳钢（C=0.25%～0.6%）、高碳钢（C>0.6%）。

2. 按质量分类

根据钢中有害杂质 S、P 的含量分为普通碳素钢（S$\leqslant$0.050%、P$\leqslant$0.045%）、优质碳素钢（S$\leqslant$0.035%、P$\leqslant$0.035%）、高级优质碳素钢（S$\leqslant$0.025%、P$\leqslant$0.025%）。

3. 按用途分类

按钢的用途不同可分为碳素结构钢和碳素工具钢。碳素结构钢主要用于制造各种工程构件（如桥梁、船舶、建筑构件、锅炉容器等）和机器零件；碳素工具钢用于制造各种刃具、模具和量具。

4. 按冶炼方法分类

按冶炼炉的不同可分为平炉钢、转炉钢和电炉钢；按冶炼时的脱氧程度分为沸腾钢（脱氧不完全）、镇静钢（脱氧完全）和半镇静钢（脱氧程度介于沸腾钢和镇静钢之间）。

在生产实际中，钢的分类往往是混合应用，如优质碳素结构钢。

（二）碳钢的牌号和用途

钢的牌号又叫钢号。

1. 碳素结构钢

根据 GB/T 700—2006《碳素结构钢》的规定，碳素结构钢的牌号是以屈服强度的"屈"字的拼音字母"Q"后跟屈服强度值（单位为 MPa），再跟表示质量等级的字母（A、B、C、D）及脱氧方法符号（F、b、Z、TZ），如 Q235-A·F。

按屈服强度等级将碳素结构钢分为五个牌号，每个牌号下又按质量等级和脱氧方法细划分，共有 20 种。它们主要用来制造各种板材、型钢、建筑用钢和受力不复杂且不太重要的零件，如螺栓、螺母等。Q235 在工业生产中应用最广泛，通常用于 350℃以下工作的受力不大的零部件，如焊接构件、锻件、紧固件、汽轮机后汽缸、冷凝器外壳、汽轮发电机隔板、中心轴、支座等。

表 3-1 列出了碳素结构钢的化学成分。表 3-2 列出了碳素结构钢的力学性能。

在牌号表示方法中 Z 与 TZ 代号予以省略。

表 3-1　　　　　　　　碳素结构钢化学成分（摘自 GB/T 700—2006）

牌 号	等 级	化 学 成 分/%						脱氧方法
		C	Mn	Si	S	P		
					不 大 于			
Q195	—	0.06~0.12	0.25~0.50	0.3	0.050	0.045		F、b、Z
Q215	A	0.09~0.15	0.25~0.55	0.3	0.050	0.045		F、b、Z
	B				0.045			
Q235	A	0.14~0.22	0.30~0.65*	0.3	0.050	0.045		F、b、Z
	B	0.12~0.20	0.30~0.70*		0.045			
	C	≤0.18	0.35~0.80		0.040	0.040		Z
	D	≤0.17			0.035	0.035		TZ
Q255	A	0.18~0.28	0.04~0.70	0.3	0.050	0.045		Z
	B				0.045			
Q275	—	0.28~0.38	0.50~0.80	0.35	0.050	0.045		Z

注　Q 为钢的屈服点"屈"字汉语拼音首位字母；A、B、C、D 分别为质量等级，从 A 级到 D 级，钢中硫、磷含量依次减少；F 为沸腾钢"沸"字汉语拼音首位字母；b 为半镇静钢"半"字汉语拼音首位字母；Z 为镇静钢"镇"字汉语拼音首位字母；TZ 为特殊镇静钢"特镇"两字汉语拼音首位字母。

* 　Q235A、B 级沸腾钢锰含量上限为 0.60%。

表 3-2　　　　　　　　碳素结构钢力学性能（摘自 GB/T 700—2006）

牌号	等级	拉 伸 试 验													冲击试验	
		屈服点 R_e/MPa						抗拉强度 R_m/MPa	断后伸长率 A/%						温度/℃	V 形冲击功(纵向)/J
		钢材厚度（直径）/mm							钢材厚度（直径）/mm							
		≤16	>16~40	>40~60	>60~100	>100~150	>150		≤16	>16~40	>40~60	>60~100	>100~150	>150		
		不小于							不小于							不小于
Q195	—	195	185	—	—	—	—	315~390	33	32	—	—	—	—	—	—
Q215	A	215	205	195	185	175	165	335~410	31	30	29	28	27	26	—	—
	B														20	27
Q235	A	235	225	215	205	195	185	375~460	26	25	24	23	22	21	—	—
	B														20	27
	C														0	
	D														−20	
Q255	A	255	245	235	225	215	205	410~510	24	23	22	21	20	19	—	—
	B														20	27
Q275	—	275	265	255	245	235	225	490~610	20	19	18	17	16	15	—	—

2. 优质碳素结构钢

其钢号用两位数字表示钢中平均含碳量的万分数，如 20 钢表示钢中平均含碳量为 0.20%。

根据国标规定，优质碳素结构钢分为正常含锰量（含碳量<0.25% 时，含锰量为 0.35%~0.65%；含碳量>0.25% 时，含锰量为 0.50%~0.80%）和较高含锰量（含碳量为 0.15%~0.60% 时，含锰量为 0.70%~1.0%；含碳量>0.60% 时，含锰量为 0.90%~1.20%）两类。

较高含锰量的钢在钢号后面还附有"Mn"，如 60Mn。镇静钢不加"Z"，沸腾钢、半镇静钢应在钢号最后特别标出。如平均含碳量为 0.10% 的半镇静钢，其钢号为 10b。

优质碳素结构钢中有的钢是为专门用途生产的。对这类钢在钢号前面或后面加一个表示用途的汉字或汉字拼音首字母以示区别。如作焊丝用的钢写作 H08，作锅炉用的 20 钢可写作 20g 或 20 锅。

若是高级优质碳素结构钢，则在钢号后加"A"，如 20A。若是特级优质碳素结构钢，则在钢号后加"E"。

优质碳素结构钢的力学性能列于表 3-3 中。

表 3-3　　　　　　　常用优质碳素结构钢力学性能（摘自 GB/T 699—2015）

牌号	试样毛坯尺寸/mm	推荐的热处理制度			力学性能					交货硬度 HBW 不大于	
		正火	淬火	回火	R_m	R_{eL}	A	Z	KU_2	未热处理	退火
		加热温度/℃			MPa		%		J		
					不小于						
08	25	930			325	195	33	60		131	
10	25	930			335	205	31	55		137	
15	25	920			375	225	27	55		143	
20	25	910			410	245	25	55		156	
25	25	900	870	600	450	275	23	50	71	170	
30	25	880	860	600	490	295	21	50	63	179	
35	25	870	850	600	530	315	20	45	55	197	
40	25	860	840	600	570	335	19	45	47	217	187
45	25	850	840	600	600	355	16	40	39	229	197
50	25	830	830	600	630	375	14	40	31	241	207
55	25	820	820	600	645	380	13	35		255	217
60	25	810			675	400	12	35		255	229
65	25	810			695	410	10	30		255	229
70	25	790			715	420	9	30		269	229
60Mn	25	810			695	410	11	35		269	229
65Mn	25	830			735	430	9	30		285	229

根据含碳量的不同，可以把优质碳素结构钢分为三类：

低碳钢（含碳≤0.25%）：08、10、15、20、25 钢。这类钢强度较低，塑性与韧性很好，焊接性能很好，常用来制造火电厂锅炉中 500℃ 以下的受热面管子，450℃ 以下的集箱、导管，中高压锅炉汽包；电厂的金属构件也多采用低碳钢。它们经渗碳后淬火处理，还可用来制作表面要求耐磨、心部韧性要求好的齿轮、凸轮、活塞销等零件。

中碳钢（含碳 0.25%～0.6%）：30、35、40、45、50 钢等。这类钢经调质处理后，具有良好的综合力学性能，常用来制造受力较大而复杂的零件，如轴类、齿轮、联轴器、连接螺栓等。其中尤以 45 钢应用最广。

高碳钢（含碳≥0.6%）：60、65、60Mn、65Mn 钢等。这类钢经一定的热处理后具有高强度和高弹性，常用来制造各种类型的弹簧及高强度零件，如起吊重物的绳索。

3. 碳素工具钢

碳素工具钢一般含碳量在 0.65%～1.3% 之间。其牌号用字母"T"（"碳"的汉语拼音首位字母）加数字表示，数字表示平均含碳量的千分数。较高含锰量的碳素工具钢，在钢号的数字后标出"Mn"。碳素工具钢含 S、P 量均较少，属于优质钢。若为高级优质碳素工具钢，则在钢号后面加"A"，如 T8A。碳素工具钢的牌号、成分及用途见表 3-4。

表 3-4　　　　　　　　　　　　碳素工具钢的牌号、成分及用途

| 牌号 | 化学成分/% | | | 硬度 | | 用途 |
	C	Si	Mn	供应状态 HB（不大于）	淬火后 HRC（不小于）	
T8 T8A	0.75～0.84	≤0.35	≤0.40	187	62	承受冲击、要求较高硬度的工具，如冲头、压缩空气工具、木工工具
T8Mn T8MnA	0.80～0.90	≤0.35	0.40～0.60	187	62	同 T8、T8A，但淬透性较大，可制造断面较大的工具
T10 T10A	0.95～1.04	≤0.35	≤0.40	197	62	不受剧烈冲击、高硬度耐磨的工具，如车刀、丝锥、钻头、手锯条
T12 T12A	1.15～1.24	≤0.35	≤0.40	207	62	不受冲击、要求高硬度耐磨的工具，如锉刀、刮刀、丝锥、量具

4. 碳素铸钢

将钢水直接铸成零件毛坯，以后不再进行锻压加工的钢件叫铸钢件。用于铸造铸钢件的钢称为铸钢。碳素铸钢又称铸造碳钢，其含碳量一般在 0.15%～0.55% 范围内，具有良好的工艺性能，价格便宜，在机电工程设备中应用很广。碳素铸钢按"铸造碳钢"和"工程用铸钢"分别编号。铸钢代号用"铸钢"二字的汉语拼音的第一个大写字母"ZG"表示。铸造碳钢的牌号是在"ZG"后跟一组数字，这组数字表示该钢的平均含碳量的万分数，如 ZG25 表示平均含碳量为 0.25% 的碳素铸钢。工程用铸钢的牌号是在"ZG"后跟两组数字，第一组数字表示该牌号铸钢的屈服强度的最低值，第二组数字表示其抗拉强度的最低值，强度的单位均为 MPa。

一般工程用铸造碳钢牌号及力学性能列于表 3-5 中。

表 3-5　　　　　一般工程用铸造碳钢牌号及力学性能（摘自 GB/T 11352—2009）

| 牌号 | 力学性能（最小值） | | | | | | 用途举例 |
| | R_{eH} $(R_{p0.2})$ / MPa | R_m / MPa | A / % | 根据合同选择 | | | |
				Z / %	冲击吸收功 A_{kV}/J	冲击韧性 a_k/ (J/cm^2)	
ZG200-400	200	400	25	40	30	60	受力不大、要求韧性高的机械零件，如机座、变速箱壳体等
ZG230-450	230	450	22	32	25	45	受力不大、要求韧性较高的力学零件，如机座、外壳、轴承盖、阀体、箱体等
ZG270-500	270	500	18	25	22	35	飞轮、机架、连杆、轴承座、箱体、缸体
ZG310-570	310	570	15	21	15	30	用于负荷较高的零件，如齿轮、汽缸、辊子等
ZG340-640	340	640	10	18	10	20	齿轮、联轴器、叉头等

ZG230-450（ZG25）有一定的强度和较好的塑性与韧性，良好的焊接性和切削性能，常用于制造 400～450℃ 下工作的锅炉、汽轮机的铸件，如汽缸、隔板、蒸汽室、喷嘴室、阀壳、发电机轴承座、轴承盖等。

ZG270-500（ZG35）有较高的强度，较好的塑性和韧性，良好的铸造性能，焊接性能尚好，多用于制作要求强度较高的一般结构件，如汽轮机汽缸、轴承外壳、水泵端盖、发电机风扇环、齿轮、缸体等。

第二节　合金元素对钢的影响

随着科学技术和电力工业的不断发展，对材料的性能要求越来越高，火电厂中除要求材料具有较高的常温力学性能外，还要求材料在高温下耐腐蚀，具有足够的高温强度。这时，碳钢已不能完全满足使用性能的要求。为了提高钢的某些性能或使之获得某些特殊的性能，在冶炼时特意向钢中加入一定量的某些元素，这些元素称为合金元素，含有合金元素的钢称为合金钢。

常用的合金元素有铬、锰、硅、钼、钨、钒、钛、铌、硼、镍、锆、稀土等。

一、合金元素在钢中的存在形式

（一）合金元素溶入铁素体

几乎所有的合金元素都能或多或少地溶入铁素体而形成合金铁素体。由于合金元素的原子半径与铁的原子半径不同，合金元素溶入铁素体后必然引起晶格畸变，产生固溶强化，使铁素体的强度、硬度升高，但塑性、韧性却有下降的趋势；有些元素若加入量适当，则韧性还可以提高，如图 3-1、图 3-2 所示。

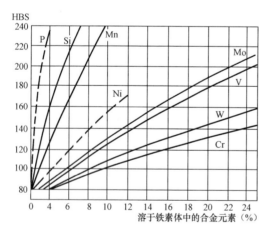

图 3-1　合金元素对铁素体硬度的影响

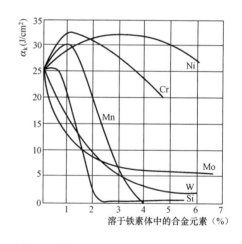

图 3-2　合金元素对铁素体冲击韧性的影响

由图可知，合金元素加入量越多，铁素体硬度就越高，其中以硅、锰、镍最显著。硅、锰含量分别超过 0.6% 和 1.5% 时将降低其韧性，铬与镍在铁素体中含量适当时（Cr≤2%，Ni≤5%），既可提高强度和硬度，又能使韧性保持较高水平。

（二）合金元素形成碳化物

按照合金元素在钢中与碳的作用不同，可以把合金元素分为两大类：一类是不与碳作用的元素，在钢中不形成碳化物，基本上都溶入铁素体，属于这一类的有 Ni、Co、Si、Al、Cu 等；另一类在钢中主要形成碳化物，这些元素与碳的亲和力由弱到强依次排列为 Mn、Cr、Mo、W、V、Nb、Zr、Ti。与碳的亲和力越强，形成的碳化物就越稳定。其中钛、锆、铌、钒是强碳化物形成元素，钨、钼、铬是中强碳化物形成元素，锰则是弱碳化物形成元素。在合金钢中，如果多种碳化物形成元素同时存在，一般强碳化物形成元素优先与碳形成碳化物。

钢中所有的碳化物和 Fe_3C 一样硬而脆。碳化物的数量、大小、形态和分布直接影响钢的性能。随着碳化物数量的增加，钢的强度、硬度和耐磨性提高，塑性、韧性下降。若碳化物呈细粒状均匀分布在钢中，则既能提高钢的强度、硬度和耐磨性，又不会使其脆性增加；但粗大而又分布不均的碳化物将使钢的脆性增加。

二、合金元素对 Fe-Fe₃C 相图的影响

合金钢有三个以上的组元，组元之间的作用极其复杂，三元合金及多元合金的相图就更加复杂。因此，为了使问题简化，习惯上总是从 $Fe-Fe_3C$ 相图出发，再考虑合金元素对它的影响，来分析合金钢的组织和相变的一般规律。

合金元素加入后可以使 $Fe-Fe_3C$ 相图中奥氏体稳定存在的区域扩大或者缩小。扩大奥氏体区域的合金元素如 Ni、Mn、Co、Cu、N 等，一般使 A_3 及 A_1 温度下降；缩小奥氏体区域的合金元素如 Cr、Si、W、Mo、Ti、V、P 等，一般使 A_3 及 A_1 温度升高。而所有的合金元素一般都使 S 点及 E 点左移。锰及铬对 $Fe-Fe_3C$ 相图的影响如图 3-3、图 3-4 所示。

从图 3-3、图 3-4 可以看出，若钢中加入大量扩大奥氏体区的元素，会使相图中的奥氏体区延至室温以下，在室温下获得稳定的单相奥氏体组织，这种钢称为奥氏体钢。若钢中加入大量缩小奥氏体区的元素，则奥氏体区可能封闭或消失，于是钢在固态下具有稳定的单相铁素体组织，这种钢称为铁素体钢。

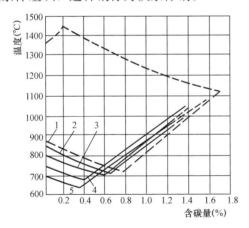

图 3-3 锰对 Fe-Fe₃C 相图的影响

1—0.35%Mn；2—2.5%Mn；3—4%Mn；
4—6.5%Mn；5—9%Mn

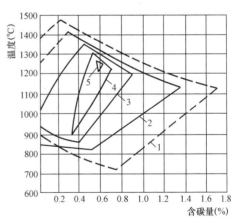

图 3-4 铬对 Fe-Fe₃C 相图的影响

1—0%Cr；2—5%Cr；3—12%Cr；
4—15%Cr；5—19%Cr

由于 S 点左移，使含碳量相同的碳钢与合金钢组织不同。例如含碳量 0.4% 的碳钢为具有铁素体与珠光体的亚共析组织，但加入 14% 的铬以后，则转变为过共析组织。E 点左移，就意味着出现莱氏体的含碳量降低，使含碳量低于 2.11% 的合金钢中出现莱氏体组织，这种钢称为莱氏体钢。

三、合金元素对钢的热处理的影响

（一）合金元素对奥氏体化的影响

合金钢加热时，其奥氏体化过程基本上与碳钢相同，即包括奥氏体的形核和晶核长大、碳化物的溶解以及奥氏体的均匀化，整个过程都与合金元素有关。

合金元素加入钢中后，改变了碳在钢中的扩散速度。除 Ni、Co 元素外，大多数合金元素使奥氏体化过程减慢，特别是碳化物形成元素能显著减慢碳在奥氏体中的扩散速度，使奥氏体的形成速度大大减慢。由于合金元素降低碳的扩散速度，以及合金碳化物稳定性较高，较难溶入奥氏体，致使奥氏体化被推延到较高的温度范围内进行。合金钢在奥氏体化的过程中，不仅要进行碳的均匀化，而且还要进行合金元素的均匀化，但合金元素在奥氏体中的扩散速度远小于碳的扩散速度，因此，合金钢的奥氏体化时间也较碳钢长。

合金元素除锰、磷外，几乎都能不同程度地阻止奥氏体晶粒的长大，即在奥氏体化的过程中能细化晶粒。

（二）合金元素对过冷奥氏体转变的影响

合金元素只有溶入奥氏体中，才会对过冷奥氏体转变产生重要影响。

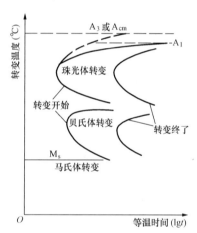

图 3-5　C 曲线形状的改变

合金元素对 C 曲线的影响规律：除钴以外的其他元素，都能增加过冷奥氏体稳定性，使 C 曲线右移，即推迟珠光体和贝氏体转变，降低临界冷却速度，提高钢的淬透性。非碳化物形成元素如 Si、Cu、Al 及弱碳化物形成元素 Mn 等，能使 C 曲线右移而不改变其形状。碳化物形成元素如 Cr、Mo、W、V 等，既可以使 C 曲线右移，又使其形状改变为上、下两个 C 曲线（见图 3-5），上 C 曲线是珠光体转变区，下 C 曲线是贝氏体转变区。

合金元素对马氏体转变的影响：除 Al、Co 以外的其他元素溶入奥氏体中会使马氏体转变温度降低，使合金钢淬火后残余奥氏体量比相同含碳量的碳钢多。

（三）合金元素对淬火钢回火转变的影响

回火时的组织转变，主要是马氏体的分解及碳化物的析出与聚集长大过程。合金元素加入钢中便推迟和阻碍这一过程的进行，如果需要完成上述转变，则需要更高的温度和更长的保温时间。合金钢回火后，所得到的碳化物更加细小，也更稳定，而难于聚集长大，使其在较长时间内保持细小分散的状态，因而，合金钢在回火过程中其硬度下降缓慢，即回火稳定性较高。由于合金钢的回火稳定性比碳钢高，则当回火温度相同时，合金钢具有更高的强度和硬度。

第三节　合金钢的分类和牌号表示方法

一、合金钢的分类

合金钢的种类繁多，分类的方法也很多，现介绍最常用的分类方法。

（一）按化学成分分类

（1）按加入的合金元素种类分为锰钢、铬钼钢、铬钼钒钢等。

（2）按钢中所含合金元素总量分为低合金钢（合金元素总量小于5%）、中合金钢（合金元素总量为5%～10%）、高合金钢（合金元素总量大于10%）。

（二）按用途分类

1. 合金结构钢

按用途的不同，合金结构钢可分为两类：一类为建筑及工程用结构钢，用于建筑、桥梁、船舶、锅炉或其他工程构件，属于这一类型的钢主要是低合金钢；另一类为机械制造用结构钢，用于制造机械设备上的结构零件，属于这一类型的钢主要有渗碳钢、调质钢、弹簧钢、滚动轴承钢等。

2. 合金工具钢

合金工具钢用于制造各种工具。合金工具钢按用途可分为刃具钢、量具钢、模具钢。

3. 特殊钢

特殊钢是指用特殊方法生产，具有某种特殊的物理、化学性能或力学性能的钢，主要有耐热钢、耐磨钢、不锈耐酸钢、磁钢、超高强度钢（$R_m \geqslant 1400\text{MPa}$）等，用于有特殊性能要求的零件。

此外，还有按空冷后的组织不同将钢分为珠光体钢、马氏体钢、铁素体钢、奥氏体钢、贝氏体钢等。

二、合金钢的牌号表示方法

GB/T 221—2008《钢铁产品牌号表示方法》中规定，钢的牌号一般采用汉语拼音字母、化学元素符号和阿拉伯数字相结合的方法表示。

采用汉语拼音字母表示产品名称、用途、特性和工艺方法时，一般从代表产品名称的汉字的汉语拼音中选取第一个字母；当和另一产品所取字母重复时，改取第二个字母或第三个字母，或同时选取两个汉字的第一个拼音字母。

各类合金钢的牌号表示方法，将在讨论钢的具体品种时作具体介绍。

第四节　合金结构钢

用于制造各种机械零件及工程结构的钢称为结构钢。合金结构钢中加入Cr、Mn、Si、Ni、Mo、W、V、Ti、Nb等合金元素对提高钢的综合力学性能起重要作用。

合金结构钢的钢号表示方法是两位数字＋元素符号＋数字。前面的两位数字表示钢中平均含碳量的万分数；元素符号指所含的合金元素；元素符号后的数字表示该元素在钢中平均含量的百分数。合金元素含量在1.5%以下时，钢号中一般只标出元素符号，而不标明含量；当合金元素平均含量$\geqslant 1.5\%$、$\geqslant 2.5\%$、$\geqslant 3.5\%$、…时，元素符号后标数字2、3、4、…。例如60Si2Mn（60硅2锰）表示平均含碳量为0.6%、平均含硅量为2%、平均含锰量低于1.5%的合金结构钢。

当两种钢的化学成分除其中一个主要合金元素的含量外，其余都基本相同，而这个主要合金元素在两种钢中的平均含量均小于1.5%，则含量较高者，其后加"1"以示区别。例如，12Cr1MoV和12CrMoV钢的铬含量分别为0.9%～1.2%和0.4%～0.6%。

含硫、磷极少的高级优质合金结构钢，在钢号后加"A"，如20Cr2Ni4A。

一、低合金高强度结构钢

GB/T 1591—2018 中颁布了新的低合金高强度结构钢的牌号表示方法。低合金高强度结构钢的牌号表示方法与碳素结构钢基本相同，由代表屈服强度"屈"字汉语拼音字母"Q"、规定的最小上屈服强度数值（单位为 MPa）、交货状态代号、质量等级符号（B、C、D、E）四部分按顺序排列。交货状态为热轧时，交货状态代号 AR 或 WAR 可省略；交货状态为正火或正火轧制状态时，交货状态代号均用 N 表示，例如 Q355ND。Q＋规定的最小上屈服强度数值＋交货状态代号，简称为"钢级"。

低合金高强度结构钢是一种低碳结构钢，且含合金元素较少，一般在 3% 以下。它的强度显著高于相同含碳量的碳素钢，特别是有高的屈服强度，它还具有较好的韧性、塑性以及良好的焊接性和较好的耐蚀性，生产成本与碳素结构钢相近。

这类钢的使用性能主要靠加入少量合金元素来提高，主加元素为 Mn、Si、V、Ti、Nb 等。Mn 和 Si 能强化铁素体；V、Ti 和 Nb 能细化晶粒，提高钢的强度和韧性，降低脆性转变温度；加入适量铜、磷可提高耐腐蚀能力；加入适量稀土有利于脱氧、脱硫和净化钢中其他杂质。

低合金高强度结构钢一般在热轧退火或正火状态下使用。火电厂常用来制造高、低压锅炉的钢管，锅炉汽包，风机叶片，炉顶主梁等。

低合金高强度结构钢的化学成分见表 3-6，力学性能见表 3-7，新、旧牌号对照及用途见表 3-8。

表 3-6　　　　　低合金高强度结构钢的化学成分（摘自 GB/T 1591—2018）

牌号		化学成分/%									
钢级	质量等级	C≤		Si	Mn	P	S	Nb	V	Ti	Cr	Ni
		以下公称厚度或直径		不大于								
		≤40	>40									
		不大于										
Q355	B	0.24		0.55	1.60	0.035	0.035				0.30	0.30
	C	0.20	0.22			0.030	0.030					
	D	0.20	0.22			0.025	0.025					
Q395	B	0.20		0.55	1.70	0.035	0.035	0.05	0.13	0.05	0.30	0.50
	C					0.030	0.030					
	D					0.025	0.025					
Q420	B	0.20		0.55	1.70	0.035	0.035	0.05	0.13	0.05	0.30	0.80
	C					0.030	0.030					
Q460	C	0.20		0.55	1.80	0.030	0.030	0.05	0.13	0.05	0.30	0.80

表 3-7　　　　　　　　低合金高强度结构钢的力学性能（摘自 GB/T 1591—2018）

牌号		上屈服强度 R_{eH}/MPa 不小于				抗拉强度 R_m/MPa	断后伸长率 A/% （不小于）		180°弯曲试验 D 为弯曲压头直径； a 为试样厚度或直径	
		公称厚度或直径/mm							公称厚度或直径/mm	
钢级	质量等级	≤16	>16～40	>40～63	>63～80	≤100	试样方向	≤40	≤16	>16～100
Q355	B、C	355	345	335	325	470～630	纵向	22	$D=2a$	$D=3a$
							横向	20		
	D						纵向	22		
							横向	20		
Q390	B、C、D	390	380	360	340	490～650	纵向	21		
							横向	20		
Q420	B、C	420	410	390	370	520～680	纵向	20		
Q460	C	460	450	430	410	550～720	纵向	18		

表 3-8　　　　　　　　低合金高强度结构钢的新、旧牌号对照及用途

标准及牌号			用途
GB/T 1591—2018	GB/T 1591—1994	旧标准	
	Q295	09MnV、09MnNb、09Mn2、12Mn	建筑结构、低压锅炉汽包、低中压化工容器、管道、油罐，以及对强度要求不高的工程结构、起重机、拖拉机、车辆等用的机械构件
Q355	Q345	12MnV、14MnNb、16Mn、16MnRE、18Nb	桥梁、船舶、电站设备、厂房钢架、锅炉、压力容器、石油储罐、起重运输机械及矿山机械
Q390	Q390	15MnV、15MnTi、16MnNb、10MnPNbRE	中高压锅炉汽包、中高压石油化工容器、大型船舶、桥梁、车辆、起重机及其他承受较高载荷的工程与焊接结构件
Q420	Q420	15MnVN、14MnVTiRE	大型船舶、桥梁、电站设备、中高压锅炉、高压容器、机车车辆、起重机械、矿山机械及其他大型工程与焊接结构件
Q460	Q460		属于备用钢种，主要用于各种大型工程结构及要求强度高、载荷大的轻型结构

二、渗碳钢

许多机械零件（如齿轮、齿轮轴、凸轮、汽轮机推力套）是在承受强烈的冲击和磨损条件下工作的，因此要求其表面具有高的硬度和耐磨性，而心部则要求有足够的强度和韧性。为了满足上述性能要求，生产中常用低碳钢或低碳合金钢经渗碳后淬火和低温回火来达到，这种用来制造渗碳零件的钢称为渗碳钢。

　　低的含碳量可保证渗碳零件的心部有足够的塑性和韧性。碳素渗碳钢的淬透性低，热处理对零件的心部强化效果不大，故只能制造尺寸不大、载荷小的受磨损零件。对承载大、形状复杂且要求较高的渗碳件，应采用合金渗碳钢。

　　合金渗碳钢的主加元素为 Cr、Mn、Ni、B，它们可提高钢的淬透性，保证心部和表层都获得良好的力学性能。Mo、W、V、Ti 等能在渗碳时阻止奥氏体晶粒长大，使零件淬火时获得细马氏体组织，改善渗碳层和心部的性能。

　　常用渗碳钢的热处理规范、性能和用途见表 3-9。

表 3-9　　　　　　　　　　常用渗碳钢的热处理规范、性能和用途

钢号	化学成分							热处理规范/℃				力学性能（不小于）					用途
	C	Mn	Si	Cr	Ni	V	其他	渗碳	预备处理	淬火	回火	R_e/MPa	R_m/MPa	A/%	Z/%	a_k/(J/cm²)	
15	0.12~0.19	0.35~0.65	0.17~0.37					930	890±10 空气	770~800 水	200	300	500	15	55		形状简单、受力小的小型零件
20Mn2	0.17~0.24	1.40~1.80	0.20~0.4					930	850~870	770~800 油	200	600	820	10	47	60	齿轮、小轴、活塞销
20Cr	0.17~0.24	0.50~0.8	0.20~0.4	0.70~1.0				930	880 油、水	800 水、油	200	550	850	10	40	60	齿轮、小轴、活塞销
20MnV	0.17~0.24	1.30~1.6	0.20~0.4			0.07~0.12		930		800 水、油	200	600	800	10	40	70	齿轮、小轴、活塞销
20CrV	0.17~0.24	0.50~0.8	0.20~0.4	0.80~1.1		0.10~0.2		930	880	800 水、油	200	600	850	12	45	70	齿轮、小轴、顶杆、活塞销、耐热垫
20CrMn	0.17~0.24	0.90~1.2	0.20~0.4	0.90~1.2				930		850 油	200	750	950	10	45	60	齿轮、轴、活塞销、蜗杆
20CrMnTi	0.17~0.24	0.08~1.1	0.20~1.3	1.0~1.3			Ti0.06~0.12	930	830 油	860 油	200	850	1100	10	45	70	汽车、拖拉机变速箱齿轮
12CrNi3	0.10~0.17	0.30~0.6	0.20~0.4	0.60~0.9	2.75~3.25			930	860 油	780 油	200	700	950	11	50	90	大型齿轮及轴
20SiMnVB	0.17~0.24	1.30~1.6	0.50~0.8			0.07~0.12	B0.001~0.004	930	850~880 油	780~800 油	200	1000	1200	10	45	70	代替 20CrMnTi
12Cr2Ni4	0.10~0.17	0.30~0.6	0.20~0.4	1.25~1.75	3.25~3.75			930	860 油	780 油	200	850	1100	10	50	90	大型齿轮及轴
20Cr2Ni4A	0.17~0.24	0.30~0.6	0.20~0.4	1.25~1.75	3.25~3.75			930	880 油	780 油	200	1100	1200	10	45	80	大型齿轮及轴
18Cr2Ni4WA	0.13~0.19	0.30~0.6	0.20~0.4	1.35~1.65	4.0~4.5		W0.80~1.2	930	850 空气	850 空气	200	850	1200	10	45	100	大型齿轮及轴

三、调质钢

调质钢通常是指经过调质处理后使用的碳素结构钢与合金结构钢。大多数调质钢属于中碳钢。调质后，钢的组织为回火索氏体。调质钢具有高的强度和良好的塑性与韧性的配合，即具有良好的综合力学性能。调质钢常用来制造承受较大载荷的轴（传动轴、汽轮机主轴、水泵轴、风机轴）、连杆、紧固件、齿轮等。

合金调质钢中 Mn、Mo、Cr、Ni、B 等元素显著提高钢的淬透性；V、Ti 能阻止奥氏体晶粒长大，起细化晶粒的作用；W、Mo、Cr 等在高温回火后得到高度弥散的碳化物粒子，因此能有效地提高钢的强度。常用调质钢的热处理规范、性能和用途见表 3-10。

表 3-10　　　　　　　　常用调质钢的热处理规范、性能和用途

| 钢号 | 化学成分 | | | | | | | 热处理规范/℃ | | 力学性能（不小于） | | | | | 用 途 |
	C	Mn	Si	Cr	Ni	Mo	其他	淬水	回火	R_e/MPa	R_m/MPa	A/%	Z/%	a_k/(J/cm²)	
40MnB	0.37~0.44	1.10~1.4	0.20~0.4				B0.001~0.0035	850 油	500 水、油	800	1000	10	45	60	轴、齿轮、曲轴、柱塞
40MnVB	0.37~0.44	1.10~1.4	0.20~0.4				V0.05~0.1B0.001~0.004	850 油	500 水、油	800	1000	10	45	60	较重要的零件，如齿轮、轴类、螺栓、进汽阀、套筒等
40Cr	0.37~0.45	0.50~0.8	0.20~0.4	0.80~1.1				850 油	500 水、油	800	1000	9	45	60	重要的调质件，如齿轮、轴类、螺栓、进汽阀、套筒等
40CrMn	0.37~0.45	0.90~1.2	0.20~0.4	0.90~1.2				840 油	520 水、油	850	1000	9	45	60	高速高载无强冲击的零件
30CrMnSi	0.27~0.34	0.80~1.1	0.90~1.2	0.80~1.1				880 油	520 水、油	900	1100	10	45	50	高速砂轮、机轴、齿轮、轴套等
40CrMnMo	0.37~0.45	0.90~1.2	0.20~0.4	0.90~1.2		0.2~0.3		850 油	600 水、油	800	1000	10	45	80	重要载荷的轴、偏心轮、齿轮、连杆及汽轮机零件
37CrNi3	0.34~0.41	0.30~0.6	0.20~0.4	1.20~1.6	3.00~3.50			820 油	500 水、油	1000	1150	10	50	60	大截面高强度、高韧性零件，如齿轮、活塞销、凸轮轴、重要螺栓、拉杆
25Cr2Ni4WA	0.21~0.28	0.30~0.6	0.17~0.37	1.35~1.65	4.00~4.50		W0.8~1.2	850 油	550 水、油	950	1100	11	45	90	作力学性能要求很高的大截面重要零件

四、弹簧钢

弹簧钢是用于制造弹簧及弹性元件的专用结构钢。由于弹簧是在动载荷条件下工作，因此要求弹簧钢必须具有高的弹性极限和屈服强度，尤其是高的屈强比（R_e/R_m）以及高的疲劳强度。此外，弹簧钢还应具有足够的塑性、韧性和良好的表面质量。在高温下工作的弹簧钢还应具有耐热性等。

为了满足上述性能要求，碳素弹簧钢的含碳量一般为 $0.6\%\sim0.9\%$。因碳素弹簧钢淬透性低，故只宜作小截面弹簧。截面较大的和重要的弹簧都用合金弹簧钢制造。

合金弹簧钢的含碳量一般为 $0.45\%\sim0.7\%$，主加元素为 Mn、Si、Cr，它们的主要作用是提高钢的淬透性和强化铁素体，因而提高了钢的力学性能。重要用途和在高温下使用的合金弹簧钢，还常加入 Mo、W、V 等，以进一步提高钢的淬透性、回火稳定性和细化晶粒。

热力设备中应用弹簧的部件很多，如调速器、汽封、凝汽器、主汽门、安全阀等。这些部件的弹簧材料的选取应视其工作条件及尺寸大小分别选用碳素弹簧钢或合金弹簧钢。

常用弹簧钢的热处理规范、性能和用途见表 3-11。

表 3-11　　　　常用弹簧钢的热处理规范、性能和用途

钢 号	化学成分/%					热处理规范/℃		力学性能（不小于）				用途
	C	Mn	Si	Cr	其他	淬火	回火	$R_e/$MPa	$R_m/$MPa	$A/$%	$a_k/$(J/cm²)	
65	0.62~0.70	0.50~0.80	0.17~0.37	≤0.25		840 油	480	800	1000	9		截面小于 15mm 的板弹簧、螺旋弹簧及垫圈
85	0.82~0.90	0.50~0.80	0.17~0.37	≤0.25		820 油	480	1000	1150	6		
65Mn	0.62~0.70	0.90~1.20	0.17~0.37	≤0.25		840 油	480	800	1000	8		截面小于 20mm 的螺旋弹簧
60Si2CrA	0.56~0.64	0.40~0.70	1.40~1.80	0.70~1.00		870 油	460	1600	1800	δ_{10} 5	30	工作温度低于 300℃ 的调速器弹簧、汽封弹簧、蝶形弹簧、塔形支撑弹簧
60Si2Mn	0.57~0.65	0.60~0.90	1.50~2.00	≤0.30		870 油	420	1200	1300	5	25	
50CrVA	0.46~0.54	0.50~0.80	0.17~0.37	0.80~1.10	V0.10~0.20	850 油	520	1100	1300	δ_{10} 10	30	承受大应力的各种弹簧、工作温度 400℃ 以下的耐热弹簧
45Cr1MoV	0.40~0.50	0.60~0.80	0.15~0.35	1.30~1.50	Mo0.65~0.75 V0.25~0.35	950 油	550	≥1200	≥1400	≥8	55	工作温度 450℃ 以下的高强度耐热弹簧
30W4Cr2VA	0.26~0.34	≤0.40	0.17~0.37	2.00~2.50	W4.00~4.50 V0.50~0.80	1050 油	600	1620	1750	δ_{10} 10	85	工作温度 500℃ 以下的耐热弹簧

五、滚动轴承钢

用于制造滚动轴承的钢称为滚动轴承钢。滚动轴承在工作时，滚动体和套圈均承受着很大的交变载荷，接触应力大，应力循环次数高达每分钟数万次。同时，滚动体与套圈之间的滚动和滑动摩擦也往往造成磨损。因此，滚动轴承钢必须具有高而均匀的硬度和耐磨性，高的弹性极限和接触疲劳强度，足够的韧性以及在大气和润滑油中的耐蚀性。

高碳铬钢是沿用已久的、成熟的滚动轴承钢，其含碳量为 0.95% ～ 1.15%，含铬量为 0.5% ～ 1.65%。含碳量保证了高硬度和耐磨性，加入铬可提高钢的淬透性和抗蚀性，并使钢中形成合金渗碳体呈细小粒状均匀分布，提高钢的耐磨性。

滚动轴承钢的牌号是用"G"字起首，不标含碳量，平均含铬量以千分之几表示，其他合金元素按合金结构钢的合金含量标注方法标注。如 GCr15（滚铬 15）表示平均含铬量为 1.5% 的滚动轴承钢。

常用滚动轴承钢的成分、热处理规范和用途见表 3-12。

表 3-12　　　　　　　　　常用滚动轴承钢的成分、热处理规范和用途

钢 号	化学成分/%				热处理规范/℃		用　　途
	C	Mn	Si	Cr	淬火	回火	
GCr6	1.05～1.15	0.20～0.40	0.15～0.35	0.40～0.70	800～820 水、油	150～160	直径小于 10mm 的滚珠、滚柱、滚锥及滚针
GCr9	1.00～1.10	0.20～0.40	0.15～0.35	0.90～1.20	810～830 水、油	150～160	直径小于 20mm 的滚珠、滚柱、滚锥及滚针
GCr15	0.95～1.05	0.20～0.40	0.15～0.35	1.30～1.65	820～840 油	150～160	壁厚小于 12mm、外径小于 250mm 的套筒，直径为 20～50mm 的钢球，直径小于 22mm 的滚子
GCr9SiMn	1.00～1.10	0.90～1.20	0.40～0.70	0.90～1.2	810～830 水、油	150～160	
GCr15SiMn	0.95～1.05	0.90～1.20	0.40～0.65	1.30～1.65	810～830 油	150～160	壁厚≥14mm、外径＞250mm 的套筒，直径为 50～200mm 的钢球，直径＞22mm 的滚子

第五节 合金工具钢

工具钢可分为刃具钢、量具钢、模具钢等。对工具钢的基本要求是要有高硬度、高耐磨性和适当的韧性。

合金工具钢的牌号表示方法是一位数字＋元素符号＋数字。前面一位数字表示钢中平均含碳量的千分数，若合金工具钢的平均含碳量大于或等于 1.0%，含碳量可略去不标。合金元素及含量的标法与合金结构钢相同，如 CrWMn、9Mn2V 等。由于合金工具钢都属于高级优质钢，故不再在牌号后标出"A"字。

一、刃具钢

刃具钢主要是指制造车刀、铣刀、钻头、丝锥、板牙等切削刀具的钢种。刃具在工作中受到很大的切削力、振动、摩擦及切削热的作用。因此，刃具钢应具有高硬度（一般 HRC＞60）、高耐磨性，并在较高温度下仍能保持其高硬度，即有高的热硬性（或称红硬性）。此外，刃具钢还应有足够的强度和韧性，以免在切削过程中发生断裂或崩刃。

合金刃具钢可分为低合金刃具钢和高速钢两类。

（一）低合金刃具钢

为了改善碳素刃具钢的性能，在其基础上加入一定量的合金元素，如 Cr、Mn、Si、W、V 等，即构成合金刃具钢。钢中加入 Cr、Mn、Si 的主要目的是提高淬透性和回火稳定性；加入 W、V 等强碳化物形成元素的主要目的是提高钢的硬度和耐磨性。低合金刃具钢合金

元素总量不超过 5%，故钢的热硬性提高不大，一般只能在 250～300℃下保持高硬度。这类钢具有较高的淬透性、强度、硬度、耐磨性及韧性，主要用于制造低速切削刃具，如丝锥、绞刀、拉刀、板牙、车刀、铣刀等。低合金刃具钢的热处理主要是球化退火、淬火和低温回火。

常用低合金刃具钢的热处理规范及用途见表 3-13。

表 3-13 常用低合金刃具钢的热处理规范及用途

钢号	热 处 理 规 范				用 途
	淬火(油)/℃	淬火后HRC	回火/℃	回火后HRC	
9Mn2V	780～820	≥62	150～200	60～62	丝锥、板牙、绞刀
9SiCr	860～880	≥62	140～160	62～65	丝锥、板牙、钻头、绞刀
Cr2	840～860		130～150	62～65	车刀、绞刀、刮刀
CrMn	840～860	≥62	140～160	62～65	长丝锥、长绞刀、板牙、拉刀、量具
CrWMn	820～840	≥62	140～160	62～65	长丝锥、长绞刀、板牙、拉刀、量具
CrW5	800～820	≥65	150～160	62～65	铣刀、车刀、刨刀

(二) 高速钢

高速钢也称锋钢，其含碳量为 0.7%～1.5%，是含合金元素较多的高合金刃具钢。其中含有较多的碳化物形成元素 Cr、W、V 等。铬的主要作用是提高钢的淬透性；钨和钒与碳形成稳定的碳化物，提高钢的耐磨性和热硬性。由于合金元素的作用，高速钢具有很高的淬透性和高的硬度、强度、耐磨性及热硬性，这种钢当切削温度达 600℃左右时仍保持着足够的硬度和耐磨性。

高速钢的牌号中，不论含碳量多少，都不予标出，只标出合金元素的化学符号及其平均含量的百分数。但当合金成分相同，仅含碳量不同时，对含碳量高的钢在其牌号前冠以"C"字。如 W6Mo5Cr4V2 与 CW6Mo5Cr4V2 钢，前者含碳 0.8%～0.9%，后者含碳 0.95%～1.05%。

高速钢适宜制造在较高切削速度下的刀具，如车刀、铣刀、钻头等。

常用高速钢的热处理规范及用途见表 3-14。

表 3-14 常用高速钢的热处理规范及用途

钢 号	热处理规范				热硬性[1]HRC	用 途
	淬火(油)/℃	淬火后HRC	回火/℃	回火后HRC		
W18Cr4V (18-4-1)	1260～1300	≥63	550～570	63～66	61.5～62	制造一般高速切削用车刀、铣刀、钻头、刨刀
W9Cr4V2 (9-4-2)	1240	≥63	560	63～66	61.5～62	作 18-4-1 钢代用品
W6Mo5Cr4V2 (6-5-4-2)	1200～1240	≥63	550～570	63～66	60～61	要求高耐磨性和高韧性的高速切削刃具

[1] 将淬火回火试样在 600℃加热四次，每次 1h。

为了进一步提高切削工具的热硬性可采用钨钴类和钨钴钛类的硬质合金。

二、量具钢

所谓量具是指块规、塞规、千分尺、卡尺、样板等用来测量零件尺寸的测量工具。由于量具在使用过程中与被测工件接触、摩擦或碰撞，因此要求量具钢有高的硬度和耐磨性及一定的韧性，具有高的尺寸稳定性。根据上述要求，量具钢应具有较高的含碳量。

对精度要求一般、形状简单的小尺寸量具（如卡尺、直尺、样板、量规等）可用 T12A、T10A、T11A、9SiCr 等钢制造；对精度要求较高、形状复杂的量具（如块规、塞规等）可用低合金工具钢（如 CrMn、CrWMn、Cr2 等）或滚动轴承钢（如 GCr15）制造。

量具钢的预备热处理是球化退火，最终热处理是淬火后低温回火，以得到高的硬度和耐磨性。对于精度高的量具，必须有高的尺寸稳定性，可在淬火后进行冷处理，以减少残余奥氏体在回火转变时引起的尺寸变化。

三、模具钢

模具钢是指用来制造冷冲压模、热锻模、压铸模等模具的钢。模具钢可分为冷作模具钢和热作模具钢。

冷作模具钢用于制造金属在冷态下成型的模具，如冷冲压模、冷弯模、冷挤压模等。它们都要使金属在模具中产生塑性变形，因而要承受很大的压力、冲击力和摩擦力。因此，冷作模具钢与刃具钢相似，应具有高的硬度和耐磨性，以及足够的强度和韧性。尺寸较小、受力不大的冷作模具，可采用 T10A、9SiCr、9Mn2V、CrWMn 等钢种制造；大型模具应有良好的淬透性，常用 Cr12、Cr12W、Cr12MoV 等钢种制造。

热作模具钢用于制造金属在高温下成型的模具，如热锻模、热挤压模等。它们不仅承受拉、压、弯曲、冲击应力和摩擦，而且还经受炽热金属和冷却介质的交替作用所引起的热应力。因此，热作模具钢应在较高温度下具有高的强度和韧性、足够的硬度和耐磨性，即高的热硬性，还要有高的抗热疲劳能力。常用的热作模具钢有 5CrNiMo、5CrMnMo、3Cr2W8V、6SiMnV 等。其热处理一般是淬火后回火，在回火屈氏体或回火索氏体状态下使用。

常用模具钢的热处理规范及用途见表 3-15。

表 3-15　　　　　　　　　常用模具钢的热处理规范及用途

钢　号	退火后硬度 HBS	淬　火			用　途
		加热温度/℃	冷却剂	HRC	
Cr12	269～217	950～1000		≥60	冲模、冷剪模、拉丝模
9Mn2V	≤229	780～810		≥62	小冲模、冷压模、塑料压模
Cr12MoV	255～207	1020～1040		≥60	拉伸模、冷冲模、粉末冶金压模
5CrNiMo	241～197	830～860	油	≥47	大型锻模、热压模、小型压铸模
5CrMnMo	241～197	820～850		≥50	大型锻模、热压模、小型压铸模
4W2CrSiV	≤234	850～920		≥56	压铸模、热锻模
3Cr2W8V	235～207	1075～1125		≥46	压铸模、热压模、热切剪刀
6SiMnV	≤229	830～860		≥56	中小型锻模

第六节　不　锈　钢

不锈耐酸钢简称不锈钢，是指在空气、水、盐的水溶液、酸以及其他腐蚀性介质中具有抵抗腐蚀能力的钢。严格区分时，把能抵抗大气、蒸汽、水等介质腐蚀的钢称为不锈钢；能抵抗酸、碱、盐等强烈的腐蚀介质腐蚀的钢称为耐酸钢。耐酸钢一定是不锈钢，而不锈钢不一定都耐酸。

一、金属腐蚀的一般概念

金属腐蚀有两种形式，即化学腐蚀和电化学腐蚀，金属的腐蚀大部分属于电化学腐蚀。

（一）化学腐蚀

化学腐蚀是指金属与周围介质发生化学作用而引起的腐蚀损坏。氧化是一种典型的化学腐蚀。

钢的氧化，首先是铁元素的氧化。铁与氧可以生成 FeO、Fe_3O_4 和 Fe_2O_3 三种氧化物。碳钢在 570℃ 以下生成的氧化膜由 Fe_3O_4 和 Fe_2O_3 组成，这两种氧化膜都比较致密，能有效阻止氧原子与铁原子的扩散，可防止金属的进一步氧化，起到了保护膜的作用，因此有较好的抗氧化性。当温度高于 570℃ 时，碳钢所形成的氧化膜从金属表面向内依次是 Fe_2O_3-Fe_3O_4-FeO，其厚度比例大致为 1∶10∶100，Fe_2O_3 和 Fe_3O_4 的氧化膜较致密，而 FeO 氧化膜疏松多孔，原子很容易通过它进行扩散，因此当温度高于 570℃ 时，即使表面形成了氧化膜，但起不到保护膜的作用，铁的氧化过程继续进行。

提高钢的抗氧化性的基本方法是加入合金元素，使其在钢的表面生成一层稳定致密的保护膜，且又能阻止疏松多孔的 FeO 生成，同时，形成的保护膜与钢的基体应结合紧密，不易剥落。铬、硅、铝都可满足上述条件。

（二）电化学腐蚀

电化学腐蚀是指金属与电解液接触时，有电流出现的腐蚀损坏过程。它是以各种金属具有不同的电极电位为依据的。当两种电极电位不同的金属在电解液中接触时，将形成微电池，电极电位低的金属作为阳极而不断被腐蚀，电极电位高的金属作为阴极被保护。显然，金属的电极电位越低，就越容易被腐蚀。

事实上，不仅两种不同的金属会产生电化学腐蚀，即使同一种金属也可能引起电化学腐蚀。这是由于金属的成分不均匀、组织不均匀（如多相）或有内应力，都会在局部区域形成微电池而产生电化学腐蚀。例如，具有铁素体和渗碳体两相的钢，其中铁素体的电极电位比渗碳体的低，当钢处于电解液中时，铁素体将不断被腐蚀而下陷。

（三）提高钢的耐蚀性的方法

由上述分析可知，要提高钢的耐蚀性，最根本的方法是在钢中加入合金元素以提高钢的抗氧化性能和抗电化学腐蚀的能力。加入合金元素后提高钢的耐腐蚀性的途径主要有三个方面。

1. 使钢表面形成一层稳定、致密的氧化膜

钢中加入铬、硅、铝后所生成的 Cr_2O_3、SiO_2、Al_2O_3 比较致密，起到了保护作用。这三种元素中以铬的影响最大，铬的氧化膜致密程度最高，保护作用最好。

2. 提高钢的电极电位

实践证明，钢的基体（铁素体、奥氏体、马氏体）中溶铬量超过 11.7% 时，钢的电极电位有一突变，其电极电位由 −0.56V 跃升为 0.20V，提高了钢抗电化学腐蚀的能力。为了保证基体中含铬量不低于 11.7%，实际应用的不锈钢，其平均含铬量一般在 12% 以上。钢的含铬量对电极电位的影响如图 3-6 所示。

3. 使钢获得单相固溶体组织

钢中加入大量的铬或铬镍合金元素，使钢得到单相的铁素体或奥氏体组织，避免形成微电池，进一步提高了钢抗电化学腐蚀的能力。

二、常用不锈钢

按化学成分，不锈钢可分为铬不锈钢、铬镍不锈钢、铬锰不锈钢等。按正火状态的组织，不锈钢可分为马氏体型不锈钢、铁素体型不锈钢、奥氏体型不锈钢、铁素体—奥氏体型双相不锈钢、沉淀硬化

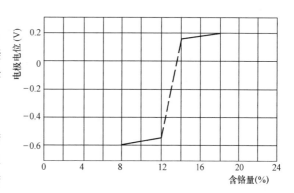

图 3-6　钢的含铬量对电极电位的影响

型不锈钢等。火电厂常用不锈钢有马氏体型不锈钢、铁素体型不锈钢和奥氏体型不锈钢。

不锈钢的牌号由合金元素符号和阿拉伯数字组成。一般一位数字表示平均含碳量的千分数；当平均含碳量不小于 1.00% 时，采用两位数字表示含碳量；当含碳量上限小于 0.1% 时，以"0"表示含碳量；当含碳量上限不大于 0.03% 而大于 0.01% 时，以"03"表示含碳量（超低碳）；当含碳量上限不大于 0.01% 时，以"01"表示含碳量（极低碳）。合金元素含量表示方法同合金结构钢。例如，含碳量上限为 0.01%、平均含铬量为 19%、镍含量为 11% 的极低碳不锈钢，其牌号为 01Cr19Ni11。

（一）马氏体型不锈钢

常用的马氏体型不锈钢是 Cr13 型钢（1Cr13、2Cr13、3Cr13、4Cr13），这类钢正火后可得到马氏体组织，故称为马氏体型不锈钢。马氏体型不锈钢在氧化性介质（如大气、水蒸气、海水、氧化性酸等）中有足够高的耐蚀性，而在非氧化性介质（如硫酸、盐酸、碱溶液等）中耐蚀性很低。随着钢中含碳量的增加，钢的强度、硬度增加，塑性、韧性降低，耐蚀性降低。

1Cr13、2Cr13 含碳低，用于制造在弱腐蚀介质中、承受冲击载荷作用的零件，如汽轮机叶片、螺栓、螺母等，所以其热处理为调质处理即淬火、高温回火；含碳较高的 3Cr13、4Cr13 用于制造高强度、高硬度的耐蚀零件，如仪表的齿轮、耐蚀弹簧、滚动轴承等，所以其热处理为淬火、低温回火。

（二）铁素体型不锈钢

热力设备中常用的铁素体型不锈钢是 1Cr17、1Cr25Ti 等，这类钢正火后可得到单相铁素体，故称铁素体型不锈钢。

铁素体型不锈钢在固态下不发生相变，因而不能用淬火强化。因其组织始终保持单相铁素体，所以铁素体型不锈钢的耐蚀性优于马氏体型不锈钢。其塑性好、强度低，在高温下晶粒长大倾向较严重，脆性大，主要用于力学性能要求不高的耐蚀构件，如热力设备中的锅炉燃烧室、高温过热区的吹灰器、吊架等。这类钢经退火或正火处理后使用。

（三）奥氏体型不锈钢

奥氏体型不锈钢是应用最广的不锈钢，典型的是 18-8 型铬镍不锈钢。18-8 型铬镍不锈钢的含碳量很低（0.03%～0.22%），含铬量为 17%～19%，含镍量为 8%～12%。常用牌号为 0Cr19Ni9、0Cr18Ni9、1Cr18Ni9Ti、2Cr18Ni9、0Cr18Ni10NbN 等。

奥氏体型不锈钢在固态下不发生相变，因而不能用淬火强化，强度、硬度低，无磁性。同马氏体型不锈钢相比，它除了具有更高的耐蚀性外，还具有高的塑性、韧性和较好的焊接性，适于各种冷加工变形。但这类钢切削加工性差、导热系数小、线膨胀系数大，在 400～800℃ 会出现晶间腐蚀（沿钢的晶粒边界进行的腐蚀）。这是因为在上述温度范围内，将沿奥氏体晶界析出铬的碳化物，使晶界附近的铬量低于 11.7%，因而该区便被腐蚀。钢的含碳量越高，晶间腐蚀倾向越大。防止晶间腐蚀的方法有降低钢的含碳量，使其不足以析出碳化物或析出甚微；加入与碳亲和力比铬大的钛或铌，使钢中优先形成钛或铌的碳化物而不形成铬的碳化物，避免出现贫铬区。

奥氏体型不锈钢广泛用于制造耐蚀的结构零件、容器及管道，如发电机水接头、紧固件、耐蚀容器及管道等。

奥氏体型不锈钢在缓冷时并不是单相奥氏体组织，还有少量铁素体和碳化物，故耐蚀性较差。为了改善其耐蚀性，将其固溶处理后再使用。固溶处理时，将钢加热到 1050～1150℃，保温一定时间，使碳化物都溶入奥氏体中，然后水冷，在室温下得到单相奥氏体组织。

为了节约比较稀缺的镍，人们研制了以锰、氮代镍的奥氏体型不锈钢，如 1Cr18Mn8Ni5N、1Cr18Mn10Ni5Mo3 等。

（四）奥氏体-铁素体型不锈钢

奥氏体-铁素体型不锈钢又称双相不锈钢，是近年发展起来的新型不锈钢，它的成分是在 18%～26%Cr、4%～7%Ni 的基础上，再根据不同用途加入锰、钼、硅等元素组合而成，如 0Cr26Ni5Mo2、1Cr18Ni11Si4AlTi 等。双相不锈钢中由于奥氏体的存在，降低了高铬铁素体型钢的脆性，提高了焊接性、韧性，降低了晶粒长大的倾向；而铁素体的存在则提高了奥氏体型钢的屈服强度、抗晶间腐蚀的能力等。这类钢还节约了镍，可用于化工设备及管道、海水冷却的热交换器或冷凝器等。

（五）沉淀硬化型不锈钢

这类钢通过时效处理使细小弥散的第二相（金属化合物、富铜相）析出，产生沉淀硬化。沉淀硬化型不锈钢在保持相当的耐蚀性的同时，具有很高的强度（如 17-4PH 的抗拉强度为 1310MPa）和硬度、良好的可焊性和压力加工性。

典型的沉淀硬化型不锈钢钢种有马氏体沉淀硬化型不锈钢 0Cr17Ni4Cu4Nb（17-4PH）及奥氏体-马氏体沉淀硬化型不锈钢 0Cr17Ni7Al（17-7PH）、0Cr15Ni7Mo2（PH15-7Mo）等。

第七节　耐　磨　钢

在强烈冲击和磨损条件下工作并能抵抗冲击和磨损的钢称为耐磨钢。

一、高锰钢

习惯上将高锰钢称为耐磨钢。它的主要成分为含碳 1.0%～1.3%、含锰 11%～14%，由于是铸造成型的，故常写成 ZGMn13。实践证明，高锰钢只有在全部获得奥氏体组织时，才具有高的韧性和耐磨性。

为了使高锰钢具有单相的奥氏体组织，铸态的高锰钢需进行"水韧处理"——将钢加热至 1000～1100℃，保温一段时间后，置于水中冷却，碳化物来不及析出，因而得到均一的奥氏体组织。"水韧处理"后高锰钢的硬度并不高（为 180～220HBS），塑性与韧性很好，但在受到剧烈的冲击或较大压力作用时，表面层的奥氏体迅速产生加工硬化，并伴有奥氏体向马氏体的转变，从而使表面层硬度剧增，因而具备了高的耐磨性，而心部仍保持原来的奥氏体状态，具有高的韧性。当硬化后的表面被磨损掉而露出新的表面时，又重复形成硬化层。因此这类钢在冲击严重、压力较大的条件下是极好的耐磨材料。冲击越大、压力越大，耐磨性就越好。但在冲击或压力不大的工作条件下，ZGMn13 并不耐磨。高锰钢多用于火电厂球磨机衬板、钢球、中速辊式磨煤机辊套等。

为了进一步提高高锰钢的耐磨性，在高锰钢中添加了铬、钼、钒、钛等元素；还有用降低一些含锰量，制作成中锰加铬、钼、钒、钛等元素的耐磨钢。加入合金元素后，既可以强化奥氏体基体，还能得到弥散分布的碳化物硬质点，因而提高了钢的强度、硬度和耐磨性。

二、低合金耐磨钢

高锰钢是传统的耐磨材料，具有高的韧性，但其耐磨性取决于工况条件，在冲击严重、压力较大的条件下，高锰钢是极好的耐磨材料。但在冲击不大、压力较小的条件下，高锰钢的优越性得不到发挥，耐磨性并不高，可用低合金耐磨钢代替高锰钢制作易磨损的零部件。

这类耐磨钢的含碳量视工作条件而定，对耐磨性要求高而韧性要求不太高时，可选较高的含碳量；若对韧性要求较高，可降低含碳量。目前低合金耐磨钢主要有 45Mn2、45Mn2B、40CrMnSiMoRE、60Cr2MnSiRE 等，用以制造煤粉制备系统中的易磨损件。

第八节 耐 热 钢

耐热钢是指在高温下具有高的热稳定性及热强性的钢。热稳定性是指高温化学稳定性，即钢对各种介质高温化学腐蚀的抗力，特别是高温抗氧化性。热强性则表示钢在高温下的强度性能。

火电厂热力设备的很多零部件长期处于高温、高压和腐蚀介质中，因此，这些零部件需用耐热钢制造。

一、耐热钢的化学稳定性

化学稳定性即耐腐蚀性。火电厂锅炉设备中的过热器管和水冷壁管等受热面管子，在运行过程中其外壁受到烟气的腐蚀作用，内壁受到汽、水的腐蚀作用。汽轮机的许多零部件也是在与腐蚀性介质相接触的条件下运行的。因此，耐热钢的化学稳定性是选择耐热钢时必须考虑的重要因素。

火电厂常见的腐蚀损坏类型有蒸汽腐蚀、烟气腐蚀、垢下腐蚀、应力腐蚀和腐蚀疲劳等。

（一）蒸汽腐蚀（又称氢腐蚀）

在高温（＞400℃）下，蒸汽与管壁接触时，将发生以下反应：

$$3Fe+4H_2O \longrightarrow Fe_3O_4+8\,[H]$$

反应生成的氢原子若不能很快被蒸汽流带走，便结合成氢气向金属内部扩散，与钢中的渗碳体或碳发生反应生成甲烷，反应式为

$$Fe_3C+2H_2 \longrightarrow 3\,Fe+CH_4 \uparrow$$

$$C+2H_2 \longrightarrow CH_4 \uparrow$$

这不但使钢材表面脱碳，而且积聚于钢中的甲烷气体产生很大的内压力而使钢内部形成微裂纹，造成脆性破坏，所以有时将蒸汽腐蚀称为氢腐蚀或氢脆。当过热器管壁温度过高或水冷壁管产生汽水分层或蒸汽停滞时，会产生氢腐蚀，并使管子爆破。

（二）烟气腐蚀（又称硫腐蚀）

燃料中的硫燃烧产生 SO_2 和 H_2S 等气体。它们在一定浓度下化合而产生活性硫原子，活性硫原子在高温下与管外壁接触并发生化学作用，使管子遭到腐蚀（为高温腐蚀）。这种腐蚀主要发生在水冷壁管，过热器管上也有发生。

当含 SO_2 较多的烟气在尾部受热面（省煤器、空气预热器）冷却至露点时，烟气中的水蒸气开始凝结为水，并与 SO_2、SO_3 结合成 H_2SO_3、H_2SO_4 溶液，使受热面管子受到严重腐蚀破坏（为低温腐蚀）。

（三）垢下腐蚀

由于锅炉给水质量不良或结构上的某些部位妨碍汽水流通而使受热面管子内壁严重结垢。垢下的腐蚀介质浓度很高，含有氧化铁和氧化铜，且又处于静滞状态，因此水垢与管内壁接触发生电化学反应。氧化铁和氧化铜为阴极，阳极管壁不断被腐蚀而减薄。此外，水垢导热性差，而且容易使管子堵塞，引起管子局部过热，严重时会导致受热面管子鼓包或爆破。

垢下腐蚀一般发生在受热面的向火侧内壁，以过热器管和水冷壁管最常见。

（四）应力腐蚀

应力腐蚀是腐蚀介质与拉应力同时作用下引起的腐蚀破坏。它是一种危险的腐蚀形式，常常引起设备的突然断裂。在火电厂中，汽轮机叶片、叶轮，锅炉管道，凝汽器铜管，螺栓等均有应力腐蚀现象。

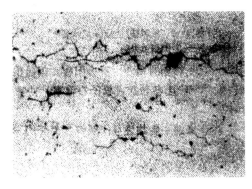

当金属表面的钝化膜未被破坏时，不发生腐蚀。在应力作用下，材料因蠕变或塑性变形等原因，撕裂氧化膜，露出活性金属，在介质作用下产生电化学腐蚀，膜作为阴极，活性金属作为阳极而被溶解，形成微观腐蚀坑，在腐蚀坑的尖端由于应力的作用继续变形而不断露出活性金属，活性金属不断溶解，最后形成较深的裂缝，直至断裂。图 3-7 是 18-8 钢再热器管应力腐蚀破坏的显微形貌。

图 3-7　18-8 钢再热器管应力腐蚀破坏的显微形貌（未浸蚀，50×）

从图 3-7 可以看出，应力腐蚀的裂纹，一根主裂纹的边缘往往还有许多小裂纹，裂纹大多数是沿晶的，裂纹中也会有腐蚀产物。

锅炉若采用铬镍奥氏体不锈钢，则容易发生应力腐蚀。应力腐蚀的另一个例子是锅炉的

"**碱脆**"，它是指碳钢在碱溶液中产生的应力腐蚀破坏。锅炉汽包等设备的铆接（或胀接）处，由于介质的不断浓缩，产生高浓度的碱溶液，在钢处于一定的内应力状态下即导致碱性腐蚀脆化，也称苛性脆化。

（五）腐蚀疲劳

金属在腐蚀介质和交变应力同时作用下产生的破坏称为腐蚀疲劳。火电厂的集汽联箱、汽包和管道结合处、汽轮机叶片、轴类、弹簧等易发生腐蚀疲劳。

腐蚀疲劳破坏的过程：首先在金属表面因介质作用形成腐蚀坑，然后在介质和交变应力的作用下发展成疲劳裂纹，裂纹逐渐扩展至疲劳断裂。腐蚀疲劳破坏仍保留了疲劳破坏的断口特征。

有些锅炉部件也会因温度的波动而引起交变的热应力，在交变热应力和腐蚀介质的共同作用下会发生腐蚀性热疲劳破坏。图 3-8 为 20 钢省煤器管腐蚀性热疲劳损坏形貌。腐蚀性热疲劳裂纹大多为穿晶型。

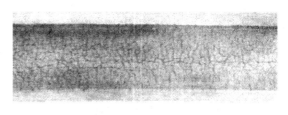

图 3-8　20 钢省煤器管腐蚀性热疲劳损坏形貌

关于如何提高钢的耐腐蚀性，已在不锈钢一节中作了介绍，这里不再赘述。

二、耐热钢的强化

钢在高温下长期运行，随着温度的升高，强度下降。耐热钢通常是通过加入合金元素，即通过合金化来提高钢的高温强度即热强性。常用的合金元素有铬、钼、钒、钨、钛、铌、硼、硅、稀土元素等。通过加入合金元素并适当进行热处理，可以起固溶体强化、晶界强化及沉淀强化的作用。

（一）固溶强化

耐热钢是以固溶体为基体的，因此强化固溶体并增加其稳定性，都能有效地提高钢的热强性。所以，固溶强化是耐热钢高温强化的重要方法之一。

固溶强化与固溶体原子之间的结合力、晶格畸变程度、再结晶温度的高低以及固溶体的稳定性等因素有关。

合金元素溶入固溶体后能使其产生晶格畸变，产生强化。大多数合金元素的原子半径比铁的原子半径大，溶入固溶体后使晶格常数增加，其顺序为（由小到大）钴、铬、镍、锰、铝、钒、钛、钼、钨。加入硅则使晶格常数减小。

当加入的合金元素能提高固溶体的再结晶温度，延缓再结晶过程的进行，则增加了组织的稳定性，提高了固溶体的热强性。这些元素提高再结晶温度依次递增的顺序为钴、镍、硅、锰、铬、钼、钨。

合金元素的加入，还能增强固溶体原子之间的结合力，这是提高固溶体热强性的重要原因。铬、钨、钼、锰、铌等元素可提高 α 固溶体原子之间的结合力，而钒和镍则会降低其结合力。

铬、钼、钨、铌等元素能使固溶体原子的扩散能力显著降低，提高了固溶体在高温运行中的稳定性。

通常用以强化固溶体的合金元素有铬、钼、钨、锰、铌等。实践证明，多种元素的综合作用，会使强化效果更好。

（二）晶界强化

晶界处原子排列不规则，存在大量空位和缺陷，原子扩散迅速，加之硫、磷等杂质易在晶界偏聚，所以在高温下晶界强度较低，有利于蠕变和裂纹的产生，因而晶界强化对提高钢的热强性十分重要。

首先，钢中加入微量硼、稀土等合金元素净化晶界。晶界上的硫、磷等有害杂质易在晶界偏聚，它们与基体金属形成的易熔共晶体，会导致钢产生热脆现象。加入上述合金元素后，它们能与低熔点的杂质生成稳定难熔的化合物，消除钢的热脆现象，使钢的热强性提高。

其次，硼元素可填充对扩散有利的空位，减缓了合金元素沿晶界的扩散过程，提高了钢的热强性。

目前，强化晶界最好的元素是硼。实践证明，微量的硼和钛或硼和铌复合加入钢中，强化效果更显著。

（三）沉淀强化

沉淀强化是指从过饱和固溶体中沉淀出细小弥散的第二相（或更多的相）颗粒，从而提高钢的热强性的方法。沉淀强化的效果同沉淀相的大小、形状、分布和稳定性有很大关系。钒、钛、铌元素的碳化物，在钢中呈细小颗粒状弥散分布，且碳化物稳定性好，高温时不易聚集长大，因而沉淀强化的效果好。

三、常用耐热钢

按小截面试样正火后的金相组织，耐热钢可分为珠光体耐热钢、马氏体耐热钢、奥式体耐热钢和铁素体耐热钢。

耐热钢的牌号表示方法和不锈钢相同。

（一）珠光体耐热钢

此类钢中加入的合金元素总量一般在5%以下，因此也称为低合金耐热钢。正火后的组织为铁素体和珠光体；若正火时冷却速度较快或合金元素含量较高，元素的种类较多，其组织则为铁素体和贝氏体。按含碳量的不同，珠光体耐热钢又大致分为低碳珠光体耐热钢和中碳珠光体耐热钢。

在珠光体耐热钢中加入的合金元素主要是 Cr、Mo、V。钼是钢中主要的强化元素，钼溶入固溶体产生固溶强化并提高其再结晶温度，使钢的热强性提高；铬主要是提高钢的抗氧化和耐腐蚀能力，并提高组织稳定性；钒在钢中起沉淀强化作用，并进一步提高钢的组织稳定性。合金元素的加入，使这类钢具有较高的抗氧化、耐腐蚀能力，有较高的高温强度和持久塑性，且焊接性好。这类钢一般在正火、高温回火状态下使用。

常用的 Cr-Mo 及 Cr-Mo-V 珠光体耐热钢有 15CrMo、34CrMo、10CrMo910、12Cr1MoV、35CrMoV、30Cr1Mo1V、17CrMo1V 等。在热力设备中，铬钼钢主要用于 500～510℃以下的蒸汽管道、集箱等零部件以及 540～550℃以下的锅炉受热面管子。而合金元素含量较高的中碳铬钼钢和铬钼钒钢，则主要用于 550℃以下的汽轮机主轴、叶轮、汽缸、隔板及高温螺栓。

铬钼钢及铬钼钒钢在使用温度分别超过 550℃和580℃后，其组织不稳定性加剧，高温氧化速度增加，高温强度显著下降。为适应 580℃以上温度的需要，多采用提高铬含量并添加钛、硼等多种合金元素。如我国自行研制的 12Cr2MoWVTiB（钢 102）、12Cr3MoVSiTiB（Ⅱ11），使用温度高达 600～620℃，这为高参数大容量机组提供了经济的过热器材料。

此外，根据我国资源情况研制和使用的珠光体耐热钢还有螺栓用钢 20Cr1Mo1VNbTiB（1 号螺栓钢）、20Cr1Mo1VTiB（2 号螺栓钢）及 12MoVWBSiRE（无铬 8 号）无铬耐热钢。20Cr1Mo1VNbTiB 和 20Cr1Mo1VTiB 在 570℃下具有较高的高温强度和抗松弛性以及较小的缺口敏感性，已用于 300MW 和 200MW 汽轮机组螺栓材料。12MoVWBSiRE 无铬耐热钢的高温强度高于常用的 12Cr1MoV 钢，抗氧化性与12Cr1MoV 相当，已用于锅炉过热器管。

（二）马氏体耐热钢

钢在正火状态下其组织为马氏体或马氏体和铁素体，这类钢称为马氏体钢。应用最早的马氏体耐热钢是 Cr13 型钢，这类钢具有一定的热强性、良好的耐腐蚀性能、良好的减振性、低的线膨胀系数。1Cr13 和 2Cr13 既可作为不锈钢又可作为耐热钢使用。

1Cr13 和 2Cr13 的最高工作温度分别为 480℃和 450℃左右，可见 1Cr13 和 2Cr13 钢的热强性并不比某些珠光体耐热钢高。为了提高 Cr13 型钢的热强性，在这类钢的基础上添加钼、钨、钒、硼、铌等合金元素，发展成为强化的 Cr13 型（又称 Cr12 型）马氏体耐热钢，既保持了 Cr13 型钢的抗氧化、耐腐蚀及良好减振性的特点，又进一步提高了钢的热强性，如 1Cr11MoV、1Cr12WMoV、2Cr12NiMoWV（C-422）、1Cr12WMoNbVB 等。德国的 F11、F12 也属于 Cr12 型马氏体耐热钢。马氏体耐热钢主要用于制造汽轮机和燃气轮机叶片、围带等。这类钢一般都在回火索氏体状态下使用。

此外，4Cr9Si2、4Cr10Si2Mo 等铬硅钢是另一类马氏体耐热钢，它们的含碳量为中碳。这类马氏体耐热钢具有良好的抗氧化和抗燃气腐蚀的性能，具有足够的高温强度和冲击韧性，常用于制作内燃机的气阀，故又称气阀钢。在锅炉中，4Cr9Si2 钢可用于制作过热器吊架。

（三）奥氏体耐热钢

钢中加入的合金元素，如果不仅使 C 曲线右移，而且使 M_s 降低至室温以下，则钢空冷后仍为奥氏体，这种钢称为奥氏体钢。由于奥氏体晶格致密度比铁素体大，原子间结合力大，合金元素扩散慢，因此奥氏体钢具有比其他耐热钢更高的热强性。由于这类钢含有大量铬、镍，又是奥氏体单相组织，因此也具有很好的抗氧化性和耐腐蚀性。另外，这类钢还具有较好的塑性、韧性和焊接性。奥氏体钢的主要缺点是切削加工性差、室温强度较低、导热系数小、线膨胀系数大、有晶间腐蚀倾向、在进行异种钢焊接时易产生裂纹等。

奥氏体耐热钢是高合金多组元的钢种。添加钼、钨、钒、钛、铌、硼等元素进一步使奥氏体基体和晶界得到强化。

火电厂常用的奥氏体耐热钢有 18-8 型的 1Cr18Ni9Ti、1Cr18Ni9Mo 和 14-14-2 型的 4Cr14Ni14W2Mo、1Cr14Ni14W2MoTi 等铬镍奥氏体耐热钢。为了节约比较稀少的镍，我国研制的铬锰、铬锰氮奥氏体耐热钢如 1Mn17Cr7MoVNbBZr、1Mn18Cr10MoVB、2Cr20Mn9Ni2Si2N 等已用于制作超高参数锅炉过热器、过热器吊架及其他耐热零件。

1Cr18Ni9Ti 可用于温度在 610℃以下的锅炉过热器、主蒸汽管等。随着不锈钢冶金工艺的发展，已经有用微碳不锈钢来代替用钛稳定的 18-8 型不锈钢的趋势。4Cr14Ni14W2Mo 具有更高的热强性和组织稳定性，常用于制造 650℃以下超高参数机组的过热器、主蒸汽管等。0Cr18Ni11Nb（美国牌号 TP347H）具有良好的热强性和抗晶间腐蚀的能力，用于大型锅炉过热器、再热器及蒸汽管道。该钢已列入我国高压锅炉无缝钢管标准 GB/T 5310—2017 中（1Cr19Ni11Nb）。0Cr19Ni9 钢（美国钢号 TP304H）也是各国通用的 18-8 型铬镍奥氏体耐热钢，钢的耐腐蚀性和焊接性良好，冷变形能力非常高，用于制造大型锅炉再热器、过热器及蒸汽管道。该钢也列入我国高压锅炉无缝钢管标准 GB/T 5310—2017 中（1Cr19Ni9）。2Cr20Mn9Ni2Si2N 钢抗氧化性能优良，可用于 900～1000℃过热器吊架及管夹等。

奥氏体耐热钢的热处理与奥氏体不锈钢基本相同，主要是固溶处理即将钢加热到 1050～1150℃，保温一定时间，水冷以得到单相奥氏体组织。只是在作为耐热钢使用时，经固溶处理后需要进行高于使用温度 60～100℃的时效处理，以进一步稳定组织，并析出细小弥散的强化相使钢进一步强化。

奥氏体耐热钢也可作不锈钢使用。

（四）铁素体耐热钢

钢中加入较多的铬、硅、铝等铁素体形成元素，使钢具有单相铁素体组织，称为铁素体耐热钢，常用的有 1Cr18Si2、1Cr25Si2、1Cr25Ti 等。这类钢抗氧化和耐腐蚀性能好，但热强性较差，在高温下有晶粒长大的倾向，且脆性较大。所以，铁素体耐热钢实际上是抗氧化钢。这类钢不宜用来制作承受冲击载荷的零部件，只宜用于制造受力不大的构件，如锅炉吹灰器、过热器吊架等。

复 习 思 考 题

1. 在平衡条件下，45 钢、T8 钢、T12 钢的硬度、强度、塑性和冲击韧性哪个大哪个小？变化规律是什么？原因何在？

2. 什么是合金元素？钢中常用的合金元素有哪些？合金元素在钢中的存在形式有哪几种？

3. 合金元素加入钢中后，为什么会提高钢的强度？对韧性又有什么影响？

4. 为什么在相同含碳量的情况下，除了含 Ni 和 Mn 的合金钢外，大多数合金钢的热处理加热温度都比碳钢高？

5. 合金元素对铁碳相图有什么影响？有何实际意义？

6. 何谓调质钢？合金调质钢中常有哪些合金元素？

7. 合金钢与碳钢相比，具有哪些优点？

8. 低合金工具钢、高速钢、模具钢各自的最主要特点在哪里？

9. 金属的腐蚀形式有哪些？热力设备零部件的常见腐蚀类型有哪些？

10. 简述提高钢的耐腐蚀性的方法。

11. 常用的不锈钢有哪些？试分别举例说明其主要用途。

12. 常用的耐磨钢有哪几种？各用于什么工况条件下？

13. 高锰钢为什么能够承受较大冲击载荷工况条件下的磨损？常用的高锰耐磨钢是什么牌号？

14. 钢的热强性是用何种方法来提高的？

15. 常用的耐热钢有哪些？试分别举例说明其主要用途。

16. 为什么奥氏体耐热钢具有比其他耐热钢更高的抗氧化性和热强性？

17. 指出下列钢的类别、钢号中数字和字母的含义及主要用途：Q235A；08F；20；ZG30；ZG230-450；65Mn；T12；T10A；40Cr；GCr15SiMn；CrWMn；38CrMoAlA；9SiCr；50CrVA；1Cr18Ni9Ti；2Cr13；1Cr18Si2。

第四章 铸 铁

第一节 概 述

含碳量为 2.11%～6.69% 的铁碳合金叫铸铁。工业用铸铁的含碳量一般在 2.5%～4.0% 范围内，硅、锰、硫、磷等元素的含量也比碳钢多。

铸铁中的碳除了一少部分溶入铁素体中外，其余的以渗碳体或游离态石墨的形式存在。在白口铸铁中，碳主要以渗碳体的形式存在，因而白口铸铁硬而脆，工业上很少用它制造机械零件。在工业用的铸铁中，碳主要以石墨的形式存在，这使得铸铁有许多优点：①优良的铸造性能。浇注温度低、流动性好，而且石墨结晶时的体积膨胀可以部分补偿基体的收缩，使铸件具有较小的收缩率。②由于石墨松软，能吸收振动能，它的存在不利于能量的传递，因而铸铁具有良好的减振性。③石墨本身有润滑作用，石墨剥落后形成的空洞，又可以储存润滑油，因而铸铁具有良好的减摩性。④由于石墨割裂了基体的连续性，使铸铁在切削加工时容易断屑，所以铸铁有良好的切削加工性。⑤由于石墨存在的地方相当于孔洞或缺口，大量石墨的存在，使铸铁表面存在的缺口对强度和韧性的影响无足轻重，即铸铁有低的缺口敏感性。

但是，铸铁的强度、塑性、韧性一般都比碳钢差，属于脆性材料。又由于它的导热性和可焊性差，因此不适合制作各类结构件和重要零件。

一、铸铁的分类

1. 根据碳在铸铁中的存在形式分类

（1）白口铸铁。除有少量的碳溶于铁素体外，绝大部分以渗碳体的形式存在，其断口呈白亮色，故称白口铸铁。由于它存在大量硬而脆的碳化物（Fe_3C），因而不易切削加工，故工业上很少用它制造机械零件，而主要用作炼钢的原料，或用来制造可锻铸铁的毛坯。

（2）灰口铸铁。碳大部分或全部以游离状态的石墨形式存在，其断口呈暗灰色，故称为灰口铸铁。

（3）麻口铸铁。碳一部分以渗碳体的形式存在，一部分以游离状态的石墨形式存在，断口呈黑白相间的麻点。因组织中有莱氏体，故也有较大的硬脆性，工业上很少应用。

2. 根据铸铁中石墨形态的不同分类

（1）灰口铸铁（简称灰铸铁）。铸铁中的碳大部分或全部以片状石墨的形式存在。这类铸铁力学性能不高，但它的生产工艺简单，价格低廉，故是应用最广的铸铁。灰铸铁又分为普通灰铸铁和孕育铸铁。

（2）可锻铸铁。碳大部分或全部以团絮状石墨的形式存在。其力学性能（特别是塑性和韧性）较灰铸铁高，故习惯上称为可锻铸铁，但实际上不可锻。

（3）球墨铸铁（简称球铁）。碳大部分或全部以球状石墨的形式存在。其力学性能最高，并且还可以经热处理进一步提高力学性能，故得到日益广泛的应用。

（4）蠕墨铸铁。它是 20 世纪 70 年代发展起来的一种新型铸铁，石墨形态介于片状与球状之间，类似蠕虫状。它兼有灰铸铁和球铁的某些优点，因此，日益引起人们的重视。

二、铸铁的石墨化

铸铁组织中石墨的形成过程称为石墨化过程。石墨的形成是一个结晶过程。铸铁的石墨化有两种形式：一种是在一定条件下由液态和固态铸铁中直接析出石墨，灰铸铁的片状石墨、球墨铸铁的球状石墨就是这样形成的；另一种是由已形成的渗碳体分解出石墨，即

$$Fe_3C \longrightarrow 3Fe + G（G 代表石墨）$$

可锻铸铁的团絮状石墨就是这样形成的。

影响后一种石墨化的因素是温度和时间，也就是说，只要将白口铸铁在高温下长时间保温（退火），便可获得团絮状石墨。影响前一种石墨化的主要因素是铸铁的化学成分和冷却速度。

碳和硅是强烈促进石墨化的元素，铸铁中的碳和硅的含量越高，石墨化程度就越高。此外，铝、铜、镍等合金元素也促进铸铁的石墨化；硫是强烈阻止石墨化的元素，铬、钨、钼、钒、锰等元素也阻止铸铁的石墨化，但锰与硫形成硫化锰，这就减弱了硫对石墨化的阻碍作用，因而锰又在一定程度上间接起了促进石墨化的作用。

冷却速度对铸铁石墨化的影响很大。冷却速度越慢，就越有利于石墨化的进行；快冷则阻止石墨化。但是，非常缓慢的冷却速度在实际生产中是无法实现的。为了获得灰铸铁，生产中往往将铸件壁厚（冷却速度）和化学成分（碳、硅总量）综合起来控制，见图 4-1。

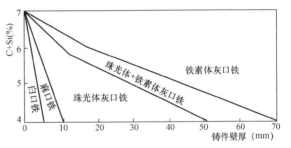

图 4-1 化学成分（碳、硅总量）和冷却速度
（铸件壁厚）对铸铁组织的影响

由图 4-1 可见，对于厚壁零件，容易形成灰铸铁组织，为了避免石墨过多，可适当降低铸铁的碳、硅含量；对于薄壁铸件，则容易得到白口铸铁组织，要得到灰铸铁，应适当增加铸铁中的碳、硅含量。

第二节 常 用 铸 铁

一、灰铸铁

灰铸铁中的碳主要以片状石墨（见图 4-2）存在，断口呈暗灰色。

由于成分和冷却条件的不同，灰铸铁可出现三种不同的组织：F＋G（石墨）、F＋P＋G、P＋G，分别称为铁素体灰铸铁、铁素体-珠光体灰铸铁、珠光体灰铸铁。

石墨的强度、塑性和韧性极低，几乎接近于零。灰铸铁中片状石墨的存在，就相当于在金属中存在着许多裂缝，割裂了金属基体的连续性，减少了基体的有效承载面积。当其受拉伸或冲击时，片状石墨的端部易引起应力集中而造成破坏。因此，灰铸铁的抗拉强度、塑性、韧性及疲劳强度都比同样基体的钢低得多。在压应力作用下，石墨的不利影响较小，因此，铸铁的硬度和抗压强度主要取决于基体组织。在灰铸铁中，显然以珠光体基体的铸铁强度最高。

由于石墨的存在，铸铁具有良好的减振性、减摩性、切削加工性、铸造性及低的缺口敏感性等。

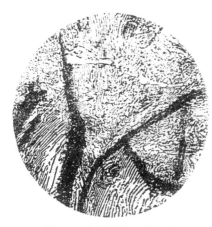

图 4-2　灰铸铁的显微组织

灰铸铁在 400℃ 以上使用，特别是经反复加热，其体积会逐渐增大，这一现象叫铸铁的生长。体积增大的原因主要有两个：其一是铸铁在 400℃ 以上长期使用的过程中，珠光体中的渗碳体发生分解，析出比体积大的石墨；其二是在 550℃ 以上，氧化性气体将沿石墨片裂缝渗入铸铁内部，使石墨与基体的交界面的铁氧化而生成比容大的氧化铁。温度越高，生长就越严重，铸铁的强度降低也就越明显。为了防止铸铁的生长，高温下使用的铸铁往往加入铬、铝或增加硅的含量，以提高其抗氧化性。

国家标准规定，灰铸铁的代号为"HT"（"灰铁"两字的汉语拼音首位字母）。灰铸铁的牌号为"HT"和后面的一组表示该铸铁的最低抗拉强度值（单位为 MPa）的数字组成。灰铸铁主要用来作不受冲击、承压且产生一定振动的床身、底座、工作台、轴承盖、油泵体、低压汽缸和中压缸中部材料等。表 4-1 列出了常用灰铸铁的牌号、性能特点及用途。

表 4-1　　　　　　　　　　常用灰铸铁的牌号、性能及用途

牌　号	类别	抗拉强度/MPa	硬度HBS	性　　能	用　　途
HT100	铁素体灰铸铁	100	143～299	低强度铸铁，铸造性能好，工艺简单，铸造应力小，不用人工时效处理，减振性优良	用于低应力零件，如轴承盖等
HT150	铁素体珠光体灰铸铁	150	163～299	中等强度铸铁，铸造性能好，工艺简单，铸造应力小，不用人工时效处理，有一定的机械强度和良好的减振性	汽轮机凝汽器端盖、泵体、锅炉省煤器、发电机轴承座、进出水支座等
HT200	珠光体灰铸铁	200	170～241	较高强度铸铁，强度、耐磨性、耐热性均较好，减振性良好，需进行人工时效处理	要求较高强度和一定耐蚀能力的零件如阀壳、低压汽缸、容器、机座以及需经表面淬火的零件
HT250		250			
HT300	孕育铸铁	300	187～255	高强度铸铁，强度高，耐磨性好，白口倾向大，铸造性能差，需进行人工时效处理	用于受力较大的重要零件，如汽轮机汽缸、隔板、飞轮、齿轮、曲轴、阀体以及需经表面淬火的零件
HT350		350	197～269		
HT400		400	207～269		

普通灰铸铁的力学性能较差，这主要是因为石墨片较粗大的缘故。为了提高铸铁的力学性能，可以在铸铁浇注前向铁水中加入少量变质剂（如硅铁和硅钙合金等）进行变质处理（或称孕育处理），使铁水在凝固过程中产生大量人工晶核，从而使铸铁获得细小且均匀分布的细片状石墨。这种强度较高的铸铁称为变质铸铁或孕育铸铁。

二、可锻铸铁

可锻铸铁是用一定成分的白口铸铁进行高温石墨化退火而获得的具有团絮状石墨的铸铁。按退火方法的不同，其基体可以是铁素体或珠光体。可锻铸铁的显微组织如图 4-3 所示。

由于石墨呈团絮状，对基体的割裂作用比灰铸铁小得多，基体的作用可以得到较大程度的发挥，所以可锻铸铁的强度、塑性和韧性均比灰铸铁高，抗氧化性、抗生长性也比灰铸铁好。

按石墨化退火工艺特性的不同，可锻铸铁可分为黑心可锻铸铁和白心可锻铸铁。

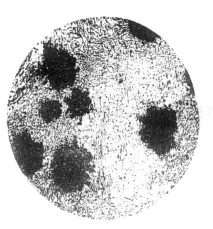

图 4-3 可锻铸铁的显微组织

1. 黑心可锻铸铁

黑心可锻铸铁是由白口铸铁经长时间的高温石墨化退火而制得的，在退火过程中主要是发生石墨化，故也称为石墨化可锻铸铁。根据基体组织的不同，黑心可锻铸铁又可分为铁素体可锻铸铁（组织为 F＋团絮状 G）和珠光体可锻铸铁（组织为 P＋团絮状 G）。铁素体可锻铸铁的断口颜色由于石墨析出而心部呈黑绒色，表层则因退火时有些脱碳而呈白亮色，故称黑心可锻铸铁。珠光体可锻铸铁的断口虽呈白色，但习惯上也称为黑心可锻铸铁，因为它们都是石墨化可锻铸铁。

2. 白心可锻铸铁

白心可锻铸铁是白口铸铁在长时间退火过程中，由于主要是发生氧化脱碳过程，故经退火后其正常组织应该是铁素体基体和极少量的团絮状石墨。但实际上，由于退火过程中铸件往往脱碳不完全，致使铸件心部组织为珠光体基体和团絮状石墨，甚至残留有少量未分解的游离渗碳体，表层组织为铁素体。其断口颜色是表层呈黑绒色，而心部呈白色，故称白心可锻铸铁。

可锻铸铁的牌号由 KTH（或 KTZ、KTB）和两组数字组成。其中 KTH 为黑心铁素体可锻铸铁的代号，KTZ 为黑心珠光体可锻铸铁的代号，KTB 为白心可锻铸铁的代号。代号后面的两组数字分别代表抗拉强度（MPa）和断后伸长率（％）的最低值。

可锻铸铁适于制造一些形状复杂，受动载荷作用而要求强度、塑性和韧性较高的铸件，如管接头、低中压阀门、齿轮、连杆、各种电力金具、夹具等。

可锻铸铁的性能和用途见表 4-2。可锻铸铁的生产周期长，成本高，因此，已逐渐被球墨铸铁所取代。

表 4-2 可锻铸铁的性能和用途

牌 号	性 能 和 用 途
KTH300-06	有一定的韧性和强度，气密性好，适用于制造承受低动载荷及静载荷、要求气密性好的工作零件，如管道配件、中低压阀门等
KTH330-08	有一定的韧性和强度，用于制造承受中等动载荷及静载荷的工作零件，如农机上的犁刀、犁柱、车轮壳，机床用的扳手以及钢丝绳轧头等
KTH350-10 KTH370-12	有较高的韧性和强度，用于制造承受较高的冲击、振动及扭转负荷下的零件，如汽车、拖拉机上的前后轮壳、差速器壳、转向节壳、制动器等，农机上的犁刀、犁柱以及铁道零件、冷暖器接头、船用电机壳等

续表

牌　　号	性　能　和　用　途
KTZ450-06 KTZ550-04 KTZ650-02 KTZ700-02	韧性低但强度大、硬度高、耐磨性好，且切削加工性良好，可用来代替低碳、中碳、低合金钢以及有色合金制作承受较高载荷、耐磨损并要求有一定韧性的重要工作零件，如曲轴、凸轮轴、连杆、齿轮、摇臂、活塞环、轴承、犁刀、耙片、闸、万向接头、棘轮、扳手、传动链条、矿车轮等
KTB350-04 KTB380-12 KTB400-05 KTB450-07	白心可锻铸铁的优点：①薄壁铸件仍有较好的韧性；②有非常优良的焊接性，可与钢钎焊；③可切削性好。但其工艺复杂，生产周期长，强度及耐磨性较差，在机械工业中很少应用。它用于制作厚度在 15mm 以下的薄壁铸件和焊接后不需进行热处理的零件

三、球墨铸铁

球墨铸铁（简称球铁）是灰铸铁铁水在浇铸前加入少量的球化剂（镁、钙、稀土元素等）进行球化处理，并加入少量变质剂（硅铁和硅钙合金等）进行变质处理，以促使碳呈球状石墨结晶，从而得到球状石墨的铸铁。球墨铸铁的基体组织有铁素体、珠光体、铁素体-珠光体、下贝氏体等。球墨铸铁的显微组织如图 4-4 所示。

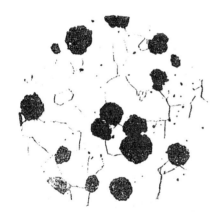

图 4-4　球墨铸铁的显微组织

由于球铁中的石墨呈球状分布，消除了片状石墨造成的应力集中现象，对基体的割裂作用大大减小，基体的作用得到充分发挥，因而，它的强度不仅高于其他铸铁（比相同成分的灰铸铁高 2～3 倍），甚至还高于一般碳钢，特别是屈强比（屈服强度与抗拉强度之比）几乎比铸钢高 1 倍；其疲劳强度也远高于普通灰铸铁而接近于碳钢。但其塑性、韧性仍低于钢而优于灰铸铁。

球墨铸铁的耐磨性一般比灰铸铁好，而其他性能（如减振性、铸造性及切削加工性等）均与灰铸铁相似。

球墨铸铁中的石墨球绝大多数孤立分布，互不相连，高温下氧不易沿石墨渗入内部，所以抗氧化性能和抗生长性比灰铸铁好。

球墨铸铁的牌号由 QT 和两组数字组成，QT 为球墨铸铁的代号，其后两组数字分别代表抗拉强度（MPa）和断后伸长率（％）的最低值。

球墨铸铁在生产上获得了广泛应用，常用来制造受大载荷、冲击和耐磨损的重要零件，如发电机曲轴、连杆、齿轮、中压阀门、轴瓦、油泵体、活塞环、汽轮机的后汽缸、后几级隔板、球磨机衬板等零件，可在 370℃的工作温度下长期使用。

球墨铸铁的牌号、性能及用途见表 4-3。

四、蠕墨铸铁

蠕墨铸铁是在一定成分的铁水中加入适量使石墨成蠕虫状的蠕化剂（稀土镁钛合金、稀土镁钙合金等）和孕育剂（硅铁等）进行蠕化处理和孕育处理，获得石墨形态介于片状与球状之间、形似蠕虫状的铸铁。它兼有灰铸铁和球铁的某些优点，可用来代替高强度灰铸铁、合金铸铁、铁素体球墨铸铁以及黑心可锻铸铁，故日益引起重视。

表 4-3　　　　　　　　　　　　　　　球墨铸铁的牌号、性能及用途

牌　号	基　体	性　能	用　途
QT400-17 QT420-10	铁素体	有较高的塑性、韧性，在低温下有较低的脆性转变温度及较高的低温冲击值，且有一定的抗温度急变性和耐蚀性	承受高的冲击、振动及扭转等动载荷和静载荷的零件，要求较高的塑性和韧性，特别在低温下工作要求一定冲击值的零件
QT500-5	铁素体和珠光体	有适当的强度和韧性	承受一般动载荷及静载荷的零件
QT600-2 QT700-2 QT800-2	珠光体	有较高的强度、耐磨性及一定的塑性、韧性	要求较高强度、耐磨性的动载荷零件
QT1200-1	下贝氏体	有较高的强度、耐磨性，较高的弯曲疲劳强度、接触疲劳强度和一定韧性	要求较高强度、耐磨性的动载荷零件
马氏体球铁	马氏体	有很高的硬度，耐磨料磨损，韧性较低	要求高耐磨性的零件

蠕墨铸铁的显微组织由金属基体和蠕虫状石墨组成。根据基体组织的不同，蠕墨铸铁有铁素体蠕墨铸铁、铁素体-珠光体蠕墨铸铁、珠光体蠕墨铸铁三种类型。蠕墨铸铁的显微组织如图 4-5 所示。

蠕墨铸铁的力学性能介于相同基体组织的灰铸铁和球墨铸铁之间。其抗拉强度、韧性、疲劳强度、耐磨性都优于灰铸铁。但由于蠕虫状石墨是互相连接的，其塑性、韧性和强度都比球墨铸铁低。此外，蠕墨铸铁还有优良的抗热疲劳性能，铸造性能、减振性、导热性以及切削加工性都优于球铁，并接近于灰铸铁。因此，它广泛用来制造柴油机气缸盖、气缸套、电动机外壳、机座、机床床身、阀体等零件。

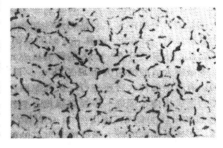

图 4-5　蠕墨铸铁的显微组织（100×）

按 GB/T 5612—2008《铸铁牌号表示方法》中规定，蠕墨铸铁的牌号表示方法与灰铸铁相似，即为 RuT 和后面的表示其最小抗拉强度值（单位为 MPa）的数字组成。其中，"蠕铁"两字汉语拼音的第一个字母 RuT 为蠕墨铸铁的代号。例如，RuT420 表示最小抗拉强度为 420MPa 的蠕墨铸铁。目前，我国尚未制定蠕墨铸铁的国家标准，具体牌号见 GB/T 2665—2011 的规定。

五、合金铸铁

随着工业的发展，对铸铁不仅要求具有更高的力学性能，而且有时还要求具有某些特殊的性能，如耐磨、耐蚀、耐热等。为此，可向灰铸铁或球墨铸铁中加入一定量的合金元素，以获得合金铸铁，或称特殊性能铸铁。

（一）耐热铸铁

向铸铁中加入铬、硅、铝等元素而获得耐热性能的合金铸铁称为耐热铸铁。它具有良好的耐热性。

铸铁的耐热性是指在高温下抗氧化、抗生长并保持较高的强度、硬度及蠕变抗力的能力。由于一般铸铁的高温力学性能均较低，因此，铸铁的耐热性主要是指抗氧化和抗生长的能力。

如前所述，普通灰铸铁在高温下会产生氧化和生长现象。温度越高，氧化和生长就越剧

烈，致使力学性能下降，甚至造成破坏。为了提高铸铁的耐热性，可向铸铁中加入铬、硅、铝等元素，在高温下能在铸铁的表面形成 Cr_2O_3、SiO_2、Al_2O_3 等氧化膜，阻止内层继续氧化；同时，这些元素还会提高铸铁的临界温度，使基体变为单相铁素体，不发生石墨化过程，从而使铸铁的耐热性得以改善。

耐热铸铁大多以单相铁素体为基体，而且最好是球墨铸铁。因为铁素体基体不存在受热发生渗碳体分解成石墨的问题，孤立分布的石墨球也不至于构成氧化性气体进入铸铁内部的通道。

耐热铸铁的牌号用 RT（"热铁"两字汉语拼音首位字母）或 RQT（耐热球墨铸铁）、合金元素化学符号及合金元素的百分含量来表示。其中，RT 为耐热铸铁的代号，RQT 为耐热球墨铸铁的代号。合金元素的含量大于或等于 1% 时用整数表示，小于 1% 时一般不标注，只有对该合金特性有较大影响时才予标注，例如 RQTSi4 表示含 4% 左右的硅的耐热球墨铸铁。

耐热铸铁的种类较多，有硅系、铝系、铝硅系及铬系。火电厂中常用硅系和铬系耐热铸铁，主要用于制造锅炉受热面吊架、喷燃器喷嘴、烟道挡板等。

表 4-4 列出了耐热铸铁的使用条件及用途。

表 4-4　　　　　　　　　　　耐热铸铁的使用条件与用途

牌　号	耐热温度/℃	用　　途
RTCr	550	炉条、高炉支梁式水箱、金属模、玻璃模
RTCr2	600	煤气炉内灰盆、矿山烧结车挡板
RTCr16	900	抗磨、耐硝酸腐蚀，用于制作退火罐、煤粉烧嘴、炉棚、水泥焙烧炉零件、化工机械零件
RTSi5	700	炉条、煤粉烧嘴、锅炉用梳形定位板、换热器针状管、二硫化碳反应甑
RQTSi4	650~750	抗裂性较 RQTSi5 好，用于制作玻璃烟道闸门、玻璃引上机墙板、加热炉两端管架
RQTSi4Mo	680~780	罩式退火导向器、烧结机中后热筛板、加热炉两端管架
RQTSi5	800~900	煤粉烧嘴、炉条、辐射管、烟道阀门、加热炉中间管架
RQTAl4Si4	900	烧结机算条、炉用件
RQTAl5Si5	1050	烧结机算条、炉用件
RQTAl22	1100	抗高温硫蚀性好，用于制作锅炉用侧密封块、链式加热炉炉爪、黄铁矿焙烧炉零件

（二）耐磨铸铁

灰铸铁、球墨铸铁具有优良的耐磨性，那是指在两个面接触并相对运动时，由于石墨本身的润滑作用及石墨脱落后留下的孔穴能储存润滑油，保证了良好的润滑条件。但对于强烈的磨料磨损，它们的耐磨性却很差。

耐磨铸铁是抵抗剧烈摩擦、磨损场合使用的铸铁。耐磨铸铁按其工作条件可分为两种类型：一种是用于制造在润滑条件下工作的耐磨件，如机床导轨、汽缸套、活塞环和滑动轴承等，这类铸铁在工作条件下希望摩擦系数小；另一种是用于制作在无润滑的干摩擦条件下工作的耐磨件，如火电厂煤粉制备系统中的碎煤机、磨煤机中的零件，这类铸铁在工作条件下希望摩擦系数大。前一种耐磨铸铁称为减摩铸铁，后一种耐磨铸铁称为抗磨铸铁。

1. 在润滑条件下工作的耐磨铸铁

其组织为软基体上分布有硬的组织组成物，以便在磨合后使软基体有所磨损，形成沟槽，保持供润滑用的油膜。常用的有高磷合金铸铁、珠光体灰铸铁、铜铬钼合金铸铁等。

（1）珠光体灰铸铁中，铁素体为软基体，渗碳体层片为硬组织，石墨片起储存润滑油和润滑作用。

（2）高磷合金铸铁是为了提高灰铸铁的耐磨性，将铸铁中的含磷量提高到 0.4%～0.7%所得到的铸铁。其中，磷在铸铁中形成磷化物作为硬相，铁素体或珠光体属于软基体。普通高磷铸铁的成分为 2.9%～3.2%C、1.4%～1.7%Si、0.6%～1.0%Mn、0.4%～0.65%P、≤0.12%S。由于普通高磷铸铁的强度和韧性较差，还常加入铬、钼、钨、铜、钛、钒等元素，构成高磷合金铸铁，使其组织细化，进一步提高力学性能和耐磨性。

（3）铜铬钼合金铸铁中含有 0.6%～1.1%Cu、0.2%～0.6%Cr、0.3%～0.7%Mo。由于三种合金元素的综合作用，其组织一般为细层片状珠光体基体上分布着片状石墨，此外，还有少量磷共晶和碳化物，其耐磨性高出珠光体灰铸铁的 1 倍以上。

2. 在无润滑的干摩擦条件下工作的耐磨铸铁

这种铸铁应具有均匀的高硬度组织，通常金相组织是莱氏体、贝氏体或马氏体，常用的有白口铸铁、冷硬铸铁、中锰球墨铸铁等。

（1）白口铸铁可分为普通白口铸铁和合金白口铸铁。如前所述，普通白口铸铁是一种较好的耐磨铸铁。为了进一步提高其耐磨性和力学性能，有目的地在白口铸铁中加入一定量的铬、镍、锰、钨、钼等元素，形成合金白口铸铁。合金白口铸铁的硬度更大，抗磨料磨损的性能更好，多用于制作球磨机衬板、灰浆泵泵体、叶轮、护板等。表 4-5 列出了 10 个牌号的抗磨白口铸铁。牌号中 BTM 为抗磨白口铸铁的代号，合金元素及其含量的标注方法与耐热铸铁相同。

表 4-5　　抗磨白口铸铁件的牌号、化学成分和性能（摘自 GB/T 8263—2010）

牌号	化学成分（质量分数）/%									洛氏硬度 HRC		
	C	Si	Mn	Cr	Mo	Ni	Cu	S	P	铸态	硬化态	退火态
BTMNi4Cr2-DT	2.4～3.0	≤0.8	≤2.0	1.5～3.0	≤1.0	3.3～5.0	—	≤0.10	≤0.10	≥53	≥56	
BTMNi4Cr2-GT	3.0～3.6	≤0.8	≤2.0	1.5～3.0	≤1.0	3.3～5.0	—	≤0.10	≤0.10	≥53	≥56	
BTMCr9Ni5	2.5～3.6	1.5～2.2	≤2.0	8.0～10.0	≤1.0	4.5～7.0	—	≤0.06	≤0.06	≥50	≥56	
BTMCr2	2.1～3.6	≤1.5	≤2.0	1.0～3.0	—	—	—	≤0.10	≤0.10	≥45	—	
BTMCr8	2.1～3.6	1.5～2.2	≤2.0	7.0～10.0	≤3.0	≤1.0	≤1.2	≤0.06	≤0.06	≥46	≥56	≤41
BTMCr12-DT	1.1～2.0	≤1.5	≤2.0	11.0～14.0	≤3.0	≤2.5	≤1.2	≤0.06	≤0.06	—	≥50	≤41
BTMCr12-GT	2.0～3.6	≤1.5	≤2.0	11.0～14.0	≤3.0	≤2.5	≤1.2	≤0.06	≤0.06	≥46	≥58	≤41
BTMCr15	2.0～3.6	≤1.2	≤2.0	14.0～18.0	≤3.0	≤2.5	≤1.2	≤0.06	≤0.06	≥46	≥58	≤41
BTMCr20	2.0～3.3	≤1.2	≤2.0	18.0～23.0	≤3.0	≤2.5	≤1.2	≤0.06	≤0.06	≥46	≥58	≤41
BTMCr26	2.0～3.3	≤1.2	≤2.0	23.0～30.0	≤3.0	≤2.5	≤1.2	≤0.06	≤0.06	≥46	≥58	≤41

注　牌号中 DT 和 GT 分别是低碳和高碳的汉语拼音大写字母，表示该牌号含碳量的高低。

（2）由于白口铸铁脆性大，不能用于制作承受大载荷和冲击载荷的零件，工业上常用砂型中安装部分冷铁来加速铸铁件表层冷却的方法，使铸铁表层形成一定深度的白口组织，而其相邻部位和心部则分别为麻口和灰口组织，这样的铸铁即为冷硬铸铁或称激冷铸铁。冷硬铸铁既能承受一定的冲击，又具有较高的抗磨料磨损性能，常用于制造轧辊、火电厂低速球磨机衬板、磨球、中速平盘磨辊套等零件。

（3）中锰球墨铸铁是在稀土—镁球墨铸铁中加入 5%～9.5% 的 Mn，并将含硅量控制在 3.3%～5% 以内，经球化和孕育处理，并适当控制冷却速度而获得的球墨铸铁。在磨料磨损条件下，它具有较高的强度和冲击韧性，高的耐磨性，多用来制作球磨机的磨球、衬板、煤粉机锤头等零件。

（三）耐蚀铸铁

耐蚀铸铁的化学及电化学腐蚀原理以及提高耐蚀性的途径基本上与不锈耐酸钢相同，即铸铁表面形成牢固的、致密而又完整的保护膜，阻止腐蚀继续进行；提高铸铁基体的电极电位；使铸铁组织为单相基体上分布着彼此孤立的球状石墨，并控制石墨量。

目前，生产中主要通过加入硅、铝、铬、镍、铜、钼等合金元素来提高铸铁的耐蚀性。耐蚀铸铁的主要优点就在于具有优良的耐腐蚀性能，因此，在火电厂中适用于制造蒸馏塔、耐酸管道、耐酸泵阀门等。

耐腐蚀是个相对的概念，介质不同对铸铁的成分和组织有不同的要求，国外耐蚀铸铁以镍铬系为主，我国则以高硅系为主，此外，还有铝系和铬系耐蚀铸铁。

1. 高硅耐蚀铸铁

含硅 13% 以上的高硅铸铁，对各种矿物酸，特别是对硝酸和盐酸有优良的耐蚀性，其对含氧酸类的耐蚀性能比 1Cr18Ni9 不锈钢还好，但在碱性溶液中的耐蚀性比普通铸铁还差。

2. 含铝耐蚀铸铁

含铝耐蚀铸铁由于出现氧化保护膜，可在氧化性气氛中工作，也可作为耐碱铸铁，此时其含铝量可控制在中铝（4%～6%）范围。

3. 高铬耐蚀铸铁

含铬量 0.5% 的铸铁，在海水、弱酸中工作就能显示出耐蚀性。当含铬量为 12%～13% 时，可使铸件在许多介质（如酸、碱、盐类，特别是硝酸）中，具有很高的耐蚀性。

复 习 思 考 题

1. 与钢相比，铸铁在性能上有什么优缺点？

2. 化学成分和冷却速度对铸铁的石墨化过程有何影响？

3. 什么叫铸铁的生长？铸铁生长的原因何在？

4. 试述石墨形态对铸铁性能的影响。

5. 举例说明耐热铸铁、耐磨铸铁在火电厂中的应用。

6. 说明下列铸铁的类别、牌号中符号和数字表示的意义：RQTAl22；RTCr16；QT400-17；KTB350-04；KTH330-08；HT150；KmTBCr20Mo2Cu1。

第五章　有色金属及其合金

金属材料分为黑色金属和有色金属两大类。黑色金属是指铁、锰、铬及它们的合金，如钢、生铁、铸铁等，其外观多呈深黑色或灰黑色，故称黑色金属。除黑色金属之外的所有金属都称为有色金属。但习惯上，人们通常把除铁及铁基合金以外的金属称为有色金属，又称为非铁金属。有色金属种类很多，归纳起来可以分为轻金属（铝、镁、铍、锂等）、重金属（铜、锌、铅、镍等）、贵金属（金、银、铂等）、稀有金属（钨、钼、钒、铌、钛、锂、锆等）和放射性金属（镭、铀、钍等）五大类。

有色金属虽不及钢铁材料强度高、成本低、应用广，但它具有密度小（Mg、Al、Ti及其合金）、导电性优良（Ag、Cu、Al及其合金）、耐高温（W、Mo、Te及其合金）等特性，因此，有色金属及其合金也是现代工业中不可缺少的金属材料。本章仅介绍火电厂中常用的铝、铜、钛及其合金以及轴承合金。

第一节　铝及铝合金

一、工业纯铝

铝是地球上储量最丰富的金属元素，比铁的储量约多2倍，比其他有色金属的总储量还多。纯铝呈银白色，其熔点为660℃，固态下具有面心立方晶格，无同素异晶转变。

铝的密度小，铝合金的密度也小，一般在 $2.5 \sim 2.88 \mathrm{g/cm^3}$ 之间，因此，用来制造各种要求减轻质量的机械零件和设备。铝的导热、导电性好（仅次于银、铜和金），在电力、电器工业中常用于制作导线、电缆、电容器以及导热或散热用的机械零件和设备。铝在空气中有优良的抗蚀性，因为铝的表面易生成一层稳定而致密的 Al_2O_3 薄膜，从而能阻止铝进一步的氧化。但是，铝不耐碱、盐溶液及热的稀硝酸或稀硫酸的腐蚀。铝有很高的塑性和较低的强度及硬度，便于通过各种冷、热压力加工制成型材、线材、板材和铝箔。

工业纯铝中最常见的杂质是铁和硅。铝中所含杂质数量越多，其导电性、导热性、抗蚀性及塑性就越低。

工业纯铝分为纯铝（含铝99%～99.85%）和高纯铝（含铝＞99.85%）两类。纯铝分压力加工产品（变形铝）和未压力加工产品（铸造纯铝）两种。按 GB/T 8063—2017《铸造有色金属及其合金牌号表示方法》的规定，铸造纯铝牌号由Z和铝的化学元素符号及表明铝百分含量的数字组成，例如，ZAl99.5表示最低含铝为99.5%的铸造纯铝。按 GB/T 16474—2011《变形铝及铝合金牌号表示方法》的规定，变形铝牌号采用国际四位数字体系和四位字符体系两种命名方法。化学成分已在国际牌号注册组织命名的变形铝，可直接采用国际四位数字体系牌号；国际牌号注册组织未命名的变形铝，则按四位字符体系牌号的规定命名。

国际四位数字体系牌号的第一位数字为1，表示纯铝。牌号中的第二位数字表示合金元素或杂质极限含量的控制状况，若第二位数字为0，则表示其杂质极限含量无特殊控制；若是1～9，则表示对一项或一项以上的单个杂质或合金元素极限含量有特殊控制。牌号中最后两位数字表示最低铝百分含量中小数点后面的两位，如 1070、1370、1035 等。

四位字符体系牌号的第一、三、四位为数字，第二位为英文大写字母（C、I、L、N、O、P、Q、Z 字母除外）。牌号的第一、三、四位数字的含义及表示方法与国际四位数字体系牌号中相同。牌号中的第二位字母表示原始纯铝的改型情况，若是 A，则表示为原始纯铝；若是 B～Y 的其他字母，则表示为原始纯铝的改型，与原始纯铝相比，其元素含量略有改变。如 1A50、1A30、1A99、1A97、1A93、1A90、1A85 等。

二、铝合金

纯铝的力学性能不高，不宜制作承受较大载荷的结构零件。为了提高铝的力学性能，有效的方法是通过合金化及对铝合金进行时效强化。

目前，用于制作铝合金的合金元素大致分为主加元素（铜、硅、锰、镁、锌等）和辅加元素（铬、钛等）两类。主加元素一般具有高溶解度和能起显著强化作用。辅加元素的作用是改善铝合金的某些工艺性能（如细化晶粒、改善热处理性能等）。铝合金仍保持纯铝的密度小和抗腐蚀性好的特点，且力学性能比纯铝高得多。经冷变形或热处理后其抗拉强度可达 500～600MPa。

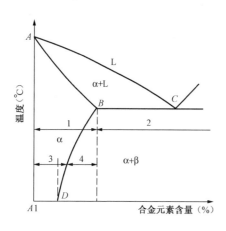

图 5-1 二元铝合金相图的一般形式
1—变形铝合金；2—铸造铝合金；3—不能热处理强化的铝合金；4—能热处理强化的铝合金

（一）铝合金的分类

铝合金按其成分和生产工艺的不同，可以分为变形铝合金和铸造铝合金两大类。这种分类法是以铝合金相图为依据的，见图 5-1。该图为铝基二元合金相图的一般类型。图中，凡位于 B 点左边的合金，加热时均能得到单相固溶体组织，其塑性好，适于进行压力加工，这种铝合金称为变形铝合金。位于 B 点以右的合金都具有共晶组织，其塑性较差，不宜进行压力加工，但其结晶温度较低，液态合金流动性好，适于铸造成型，这种铝合金称为铸造铝合金。

变形铝合金中，位于 D 点以左的合金，在固态时始终是单一的固溶体，采用淬火的方法不能进行强化，这种成分的铝合金即为不能热处理强化的铝合金。成分在 D 点和 B 点之间的铝合金，在加热或冷却过程中，固溶体的溶解度将有变化，因而能热处理强化，所以称为能热处理强化的铝合金。

变形铝合金按其性能和用途，又可分为防锈铝合金、硬铝合金、超硬铝合金、锻铝合金等。

铝合金的分类见表 5-1。

（二）变形铝合金

火电厂中常用的变形铝合金主要是防锈铝合金和硬铝合金。它们一般都是由生产厂以型材、带材、板材、管材和线材等加工产品供货。

按 GB/T 16474—2011《变形铝及铝合金牌号表示方法》规定，变形铝合金的牌号采用国际四位数字体系和四位字符体系两种命名方法。化学成分已在国际牌号注册组织命名的变形铝合金，可直接采用国际四位数字体系牌号；国际牌号注册组织未命名的变形铝合金，则按四位字符体系牌号的规定命名。

表 5-1 铝 合 金 的 分 类

类 别	名 称	合金系	特 性
变形铝合金	防锈铝	Al-Mn Al-Mg	抗蚀性好，强度低，压力加工性好，焊接性好
	硬铝	Al-Cu-Mg	力学性能好，抗蚀性差
	超硬铝	Al-Cu-Mg-Zn	室温强度最高，抗蚀性差
	锻铝	Al-Mg-Si-Cu Al-Cu-Mg-Fe-Ni	力学性能好，锻造性能好
铸造铝合金	简单铝硅合金	Al-Si	铸造性好，力学性能低，变质处理后使用，密度小，耐蚀性良好
	特殊铝硅合金	Al-Si-Mg Al-Si-Cu Al-Si-Mg-Zn Al-Si-Mg-Cu Al-Si-Cu-Mg-Mn Al-Si-Mg-Cu-Ni	有良好的铸造性能，热处理后有良好的力学性能
	铝铜合金	Al-Cu	耐热性好，铸造性差，抗蚀性差，密度大
	铝镁合金	Al-Mg	力学性能高，抗蚀性好，密度小，常以淬火状态使用

国际四位数字体系牌号的第一位数字表示组别，组别按主要合金元素划分：主要合金元素为 Cu、Mn、Si、Mg、Mg 和 Si、Zn、其他元素时，组别依次表示为 2、3、4、5、6、7、8；备用组用"9"表示其组别。例如 2×××表示以铜为主要合金元素的变形铝合金。牌号中的第二位数字表示铝合金的改型情况，若第二位数字为 0，则表示为原始合金；若是 1～9，则表示为改型合金。改型合金与原始合金相比，化学成分有所变化。牌号中的最后两位数字用以标识同一组别中的不同铝合金，如 2219、4032 等。若某一国家新注册的牌号与已注册的某牌号成分相似，则采用已注册某牌号后缀一个英文大写字母（按字母表的顺序由 A 开始，但 I、Q、O 除外）来命名。

四位字符体系牌号的第一、三、四位为数字，第二位为英文大写字母（C、I、L、N、O、P、Q、Z 字母除外）。牌号中第一、三、四位数字的含义及表示方法与国际四位数字体系牌号中相同。牌号中的第二位字母表示原始合金的改型情况，若是 A，则表示为原始合金；若是 B～Y 的其他字母，则表示为原始合金的改型合金。改型合金与原始合金相比，化学成分有所变化。

常用变形铝合金的牌号、成分、力学性能见表 5-2。

1. 防锈铝合金

防锈铝合金属于不能热处理强化的铝合金，故只能通过冷变形即加工硬化来提高强度。这类合金主要是 Al-Mg 或 Al-Mn 合金。防锈铝合金耐蚀性高，塑性、韧性及焊接性能好，具有比纯铝高的强度，在火电厂中常用于制作热交换器、管子、容器、壳体及铆钉等。

防锈铝合金的代号用拼音字母 LF 再加上顺序数字表示，如 LF5、LF21 等。数字越大，表示含镁或锰越多。

2. 硬铝合金

硬铝合金主要是 Al-Cu-Mg 系合金，一般还含有少量锰。这类铝合金能通过热处理即通过淬火和时效来提高其强度和硬度，故称为硬铝合金。所谓时效，是指将淬火后的铝合金在室温下停放 5～7 天（自然时效）或在 100～150℃的温度下停留几小时（人工时效），使过饱和的固溶体析出一些新相，因而使铝合金的强度和硬度提高。

表 5-2　　　　　　　　　　　常用变形铝合金的牌号、成分、力学性能

组别	牌号	化学成分/%					供应状态	试样状态①	力学性能		代号
		Cu	Mg	Mn	Zn	其他			R_m/MPa	$A_{11.3}$/%	
防锈铝合金	5A50	0.10	4.8～5.5	0.3～0.6	0.20	Si0.5 Fe0.5	BR	BR	265	15	LF5
	3A21	0.20	—	1.0～1.6		Si0.6 Fe0.7 Ti0.15	BR	BR	<167	20	LF21
硬铝合金	2A01	2.2～3.0	0.2～0.5	0.20	0.10	Si0.5 Fe0.5 Ti0.15	—	BM BCZ	—	—	LY1
	2A11	3.8～4.8	0.4～0.8	0.4～0.8	0.30	Si0.7 Fe0.7 Ti0.15	Y	M CZ	<235 373	12 15	LY11
	2A12	3.8～4.9	1.2～1.8	0.3～0.9	0.30	Si0.5 Fe0.5 Ti0.15	Y	M CZ	≤216 456	14 8	LY12
超硬铝合金	7A04	1.4～2.0	1.8～2.8	0.2～0.6	5.0～5.7	Si0.5 Fe0.5 Cr0.10～0.25 Ti0.10	Y Y BR	M CS BCS	245 490 549	10 7 6	LC4
锻铝合金	6A02	0.2～0.6	0.45～0.90	或Cr 0.15～0.35		Si0.5～1.2 Ti0.15 Fe0.5	R，BCZ	BCS	304	8	LD2
	2A50	1.8～2.6	0.40～0.80	0.4～0.8	0.3	Si0.7～1.2 Ti0.15 Fe0.7	R，BCZ	BCS	382	10	LD5

① 试样状态：B 不包铝（无 B 者为包铝）；R 热加工；M 退火；CZ 淬火＋自然时效；CS 淬火＋人工时效；C 淬火；Y 硬化（冷轧）。

硬铝合金在退火和淬火状态下塑性好，但耐蚀性较差，特别是不耐海水等介质腐蚀。在腐蚀条件下工作的硬铝合金，需在其表面包一层纯铝。

在火电厂中，硬铝合金主要用于制作铆钉、冲压件及发电机离心式风扇叶片等。

硬铝合金的代号用拼音字母 LY 再加上顺序数字表示。

3. 超硬铝合金

超硬铝合金是 Al-Cu-Mg-Zn 系合金。超硬铝合金的时效强化效果最好，它是变形铝合金中强度最高的一种，其 R_m 可达 600MPa，比强度已相当于超高强度钢（一般指 $R_m >$ 1400MPa 的钢），故名超硬铝合金。

超硬铝合金的耐蚀性较差，所以一般也要包铝，以提高耐蚀性；耐热性也较差，工作温度超过 120℃就会软化。

目前，应用最广的超硬铝合金是 7A04，常用于制作飞机的起落架、大梁等。

超硬铝合金的代号用拼音字母 LC 再加上顺序数字表示。

4. 锻铝合金

锻铝合金包括 Al-Mg-Si-Cu 和 Al-Cu-Mg-Fe-Ni 系合金，多数是 Al-Mg-Si-Cu 系合金。其力学性能与硬铝相近，但热塑性及耐蚀性较高，更适于锻造，故名锻铝合金。

锻铝合金主要用于制作航空及仪表工业中各种形状复杂、要求比强度较高的锻件或模锻件，如各种叶轮、框架、支杆等。

锻铝合金的代号用拼音字母 LD 再加上顺序数字表示。

（三）铸造铝合金

与变形铝合金相比，铸造铝合金的力学性能不如变形铝合金，但其铸造性能好，可生产形状复杂的零件。铸造铝合金有 Al-Si 系、Al-Cu 系、Al-Mg 系、Al-Zn 系四大类，其中以 Al-Si 合金应用最广泛。

铸造铝合金的代号用铸、铝二字的汉语拼音第一个大写字母 ZL 后加三位数字来表示。第一位数字表示合金系列，其中 1、2、3、4 分别代表 Al-Si、Al-Cu、Al-Mg、Al-Zn 系合金；第二、三位两个数字表示顺序号，序号不同，化学成分也不同。例如，ZL102 表示 2 号铝-硅系铸造铝合金。若为优质合金则在代号后面加 A。

铸造铝合金的牌号由 Z 和基体金属铝的化学元素符号、主要合金元素的化学符号以及表明合金元素名义百分含量的数字组成。合金元素的含量大于或等于 1％时，用整数表示；小于 1％时，一般不标注，只有对合金性能起重大影响时，才允许用一位小数标注其平均含量。若牌号后面加 A 表示优质。

常用铸造铝合金的代号、牌号、化学成分、力学性能及用途见表 5-3。

表 5-3   **常用铸造铝合金的代号、牌号、化学成分、力学性能及用途**

类别	代号和牌号	化学成分/％						铸造方法与合金状态①	力学性能（不低于）			用 途
		Si	Cu	Mg	Mn	Zn	Ti		R_m/MPa	A/％	HBS	
铝硅合金	ZL101 ZAlSi7Mg	6.5～7.5	—	0.25～0.45	—	—	—	J，T5 S，T5	205 195	2 2	60 60	形状复杂的零件，如飞机、仪器的零件
	ZL102 ZAlSi12	10～13	—	—	—	—	—	J，F SB，JB，F SB，JB，T2	155 145 135	2 4 4	50 50 50	仪表、抽水机壳体等外型复杂件
	ZL105 ZAlSi5Cu1Mg	4.5～5.5	1.0～1.5	0.4～0.6	—	—	—	J，T5 S，T5 S，T6	235 195 225	0.5 1.0 0.5	70 70 70	225℃ 以下工作的形状复杂件，如风冷发动机的气缸头、机匣、油泵壳体等
	ZL108 ZAlSi12Cu2Mg1	11～13	1.0～2.0	0.4～1.0	0.3～0.9	—	—	J，T1 J，T6	195 255		85 90	活塞及其他耐热零件
铝铜合金	ZL201 ZAlCu5Mn	—	4.5～5.3	—	0.6～1.0	—	0.15～0.35	S，T4 S，T5	295 335	8 4	70 90	在 175～300℃ 以下工作的零件，如支臂、挂架梁、内燃机气缸头、活塞等
	ZL201A ZAlCu5MnA	—	4.8～5.3	—	0.6～1.0	—	0.15～0.35	S，J，T5	390	8	100	
铝镁合金	ZL301 ZAlMg10	—	—	9.5～11.5	—	—	—	J，S，T4	280	10	60	大气或海水中的零件，承受大振动载荷，工作温度不超过 150℃ 的零件，如舰船配件
铝锌合金	ZL401 ZAlZn11Si7	6.0～8.0	—	0.1～0.3	—	9.0～13.0	—	J，T1 S，T1	245 195	1.5 2	90 80	工作温度不超过 200℃，结构形状复杂的汽车、飞机零件

① 铸造方法与合金状态的符号：J 金属型铸造；S 砂型铸造；B 变质处理；T1 人工时效；T2 退火；T4 淬火＋自然时效；T5 淬火＋不完全人工时效（时效温度低或时间短）；T6 淬火＋完全人工时效；F 铸态。

Al-Si 系铸造铝合金又称硅铝明。最简单的硅铝明是 ZL102，为仅含有硅的 Al-Si 系合金。ZL102 经铸造后几乎全部是粗大针状硅晶体和 α 固溶体组成的共晶组织（α＋Si）。这种合金熔点低、流动性好，不易产生热裂纹，耐蚀性和耐热性能好，但粗大的硅晶体严重降低合金的力学性能。因此，生产中常采用"变质处理"提高合金的力学性能，即在浇注前向合金溶液中加入含有 NaF、NaCl 的变质剂，进行变质处理。钠能促进硅形核，并阻碍其晶体长大，使硅晶体成为极细的粒状均匀分布在铝基体上；钠还能使相图中共晶点向右下方移动，使变质后形成亚共晶组织。因此，变质处理后铝合金的力学性能显著提高。ZL102 经变质处理后，其 R_m 由 140MPa 提高到 180MPa，A 由 3% 提高到 8%。

为了提高硅铝明的强度，常加入能产生时效强化的铜、镁等合金元素制成特殊硅铝明，这类铝合金除变质处理外，还可淬火和时效，进一步提高强度，如 ZL105、ZL108 等合金。

铸造 Al-Si 合金一般用来制造轻质、耐蚀、形状复杂但强度要求不高的铸件，如汽轮机主油泵叶轮、各种电机和仪表的外壳、活塞等。

第二节　铜 及 铜 合 金

一、工业纯铜

纯铜外观呈玫瑰红色，表面形成氧化亚铜膜层后呈紫色，所以又称为紫铜。纯铜的密度为 8.96g/cm³，熔点为 1083℃，在固态下具有面心立方晶格。

纯铜具有良好的导电性（导电性仅次于银）、导热性和抗磁性，在大气、淡水及水蒸气中有优良的耐腐蚀能力，但在潮湿的含有 CO_2 的空气中易生成铜绿，在含氧或空气的酸溶液中以及一些盐溶液（如铵盐、海水）中易被腐蚀。

纯铜的强度、硬度较低，塑性很好，易于冷热压力加工。所以纯铜一般不用于制作结构零件，而主要用于制造电线、电缆、铜管、抗磁性干扰的仪表零件及制造铜合金。

纯铜中的主要杂质有铅、铋、氧、硫、磷等，它们均降低铜的导电性，有的还使塑性下降。因此，应严格控制纯铜中的杂质含量。

工业纯铜分未加工产品（铜锭、电解铜）和加工产品（铜材）两种。加工铜的代号用汉语拼音字母 T 加顺序号表示，如 T1、T2、T3 等。代号中顺序号数字越大，表示杂质含量越多，其导电性越差。

二、铜合金的分类

1. 按化学成分分类

按化学成分铜合金可分为黄铜、青铜及白铜三大类。黄铜是以锌为主要合金元素的铜合金；白铜是以镍为主要合金元素的铜合金，其含镍量低于 50%；青铜是以除锌和镍以外的其他元素作为主要合金元素的铜合金。

2. 按生产方法分类

按生产方法铜合金可分为压力加工产品和铸造产品两类。

三、黄铜

按照化学成分，黄铜又分为普通黄铜和特殊黄铜。

（一）普通黄铜

普通黄铜是铜锌二元合金。

1. 普通黄铜的性能

锌对黄铜组织和性能的影响见图5-2。

由图可见，当Zn<32%时，锌溶于铜中形成α固溶体，黄铜的强度和塑性随含锌量的增加而提高。这种单相α黄铜具有优良的冷变形能力，称为压力加工黄铜。当Zn>32%时，合金组织中开始出现脆性的β′相。β′相是以化合物CuZn为基的固溶体，它在高温下塑性较好，在室温下则脆性较大，因而使黄铜的塑性逐渐下降，而强度继续提高。这种组织为α+β′的双相黄铜仅适于热加工和铸造，又称为铸造黄铜。当含锌量大于45%时，合金组织已全部为β′相，再增加含锌量将出现γ相，于是黄铜的强度和塑性都急剧降低。因此，含锌量大于45%的铜锌合金在工业上已无使用价值。

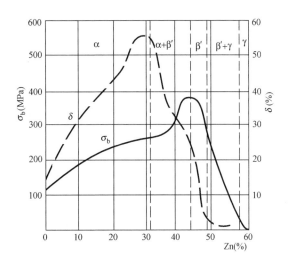

图5-2　锌对黄铜组织和性能的影响

普通黄铜在干燥的大气、海水以及除氨以外的碱性溶液中有较好的耐蚀性。但当含锌量大于7%（尤其是大于20%）并经冷变形后，在潮湿的大气或海水中（特别是在有氨的情况下）会产生腐蚀而开裂，这种现象称为自裂（或季裂），实际上是应力腐蚀。防止自裂的方法是对加工后的黄铜进行充分的去应力退火而消除残余应力。

2. 普通黄铜的牌号

普通加工黄铜的代号用黄字汉语拼音首字母H后面跟表明铜元素百分含量的数字表示，如H68即表示含68%Cu的普通黄铜。代号为H68的普通黄铜的牌号为68黄铜。

铸造铜合金的牌号为：Z＋基体金属铜的化学符号＋主加元素的化学符号及百分含量＋其他合金元素的化学符号及百分含量。其中Z表示铸造。当合金元素的含量大于或等于1%时，用整数表示；小于1%时，一般不标注，只有对合金特性有重大影响时才允许用一位小数标注其平均含量。对杂质限量要求严、性能高的优质合金，在牌号后面标注A表示优质。例如，ZCuZn38表示含锌量38%、余量为铜的铸造普通黄铜；ZCuSn10P1表示含锡10%、含磷1%、余量为铜的铸造锡青铜。

3. 常用的普通黄铜

虽然普通黄铜不能热处理强化，但其强度比纯铜高，塑性、耐蚀性也比较好且价格较低，所以其应用很广，主要用于制作汽轮机凝汽器、冷油器管等。火电厂的凝汽器原来使用普通黄铜管，常发生脱锌现象（铜与锌的电极电位不同，锌的电极电位较低的缘故），因此，已由耐蚀性更好的特殊黄铜所代替。

普通黄铜主要供压力加工用，常用普通黄铜加工产品的性能和用途见表5-4。

（二）特殊黄铜

在普通黄铜的基础上，再加入其他合金元素（铅、锡、铝、锰、硅、铁等）的铜合金，称为特殊黄铜。合金元素的加入，改善了普通黄铜的力学性能、耐腐蚀性和某些工艺性能。

表 5-4   几种铜合金加工产品的性能和用途

代 号	产 品 种 类	性 能	用 途
H96	板、条、带、箔、管、棒、线	优良的塑性，易焊接，高的耐蚀性，无应力腐蚀破裂倾向	导管、凝汽器管、散热管、散热片及导电零件
H70	板、条、带	高的塑性和较高的强度，冷成型性能好，易焊接，耐蚀性好	弹壳、热交换器、电气用零件
H68	板、条、带、箔、管、棒、线	良好的塑性和较高的强度，切削加工性好，易焊接，耐蚀，有季裂倾向	复杂的冷冲件和深冲件，散热器外壳，导管及波纹管
H62	板、条、带、箔、管、棒、线	较高的强度，热状态下塑性良好，切削加工性好，易焊接，耐蚀性好，有季裂倾向	销钉、铆钉、螺帽、垫圈、散热器、阀杆螺母等
HSn70-1	管、板、带	高的耐蚀性和良好的力学性能，有季裂倾向	船舶、电厂中耐蚀凝汽器管
HPb59-1	板、带、管、棒、线	良好的力学性能和物理化学性能，能承受冷热压力加工，切削性能好，易焊接，有季裂倾向	各种结构零件，如销子、螺钉、垫圈、垫片、衬套、管子、螺帽
HAl77-2	管、线	高的力学性能和良好的冷、热压力加工性能和耐蚀性	船舶和海滨电厂凝汽器管或其他耐蚀零件
HAl59-3-2	管	高的强度和耐蚀性	常温下工作的高强耐蚀零件

特殊加工黄铜的代号用黄字汉语拼音首字母 H＋主加元素的化学符号（除锌以外）＋铜的百分含量和主加元素的百分含量来表示。特殊黄铜可依据主加合金元素命名，如 HAl77-2 为含铝 2％、含铜 77％、余量为锌的铝黄铜，其牌号为 77-2 铝黄铜。常用的特殊黄铜还有 HPb59-1 铅黄铜、HSn62-1 锡黄铜、HMn58-2 锰黄铜、HSi80-3 硅黄铜等。

火电厂的凝汽器使用普通黄铜管往往因腐蚀而造成脱锌，具有较好耐蚀性的特殊黄铜可用于制作凝汽器管、汽轮机冷油器管等。

几种特殊黄铜加工产品的特点和用途见表 5-4。

四、白铜

含镍低于 50％的铜镍合金因呈白色金属光泽故称为白铜。纯铜加镍能显著提高强度、耐蚀性和电阻等。

白铜可分为普通白铜（或简单白铜）和特殊白铜（或复杂白铜）。普通白铜是铜镍二元合金，代号用白字汉语拼音首字母 B 加镍含量表示，如 B30 即为含镍 30％的普通白铜，其牌号为 30 白铜。含有其他合金元素的白铜称为特殊白铜，其代号用白字汉语拼音首字母 B＋主加合金元素（除镍以外）的化学符号＋镍的百分含量及主加合金元素的百分含量来表示，如 BMn40-1.5 为含 40％镍、1.5％锰的锰白铜，其牌号为 40-1.5 锰白铜。

根据白铜的性能特点和用途，白铜又可分为耐蚀结构用白铜和电工用白铜。

1. 耐蚀结构用白铜

耐蚀结构用白铜以普通白铜为主。普通白铜的突出特点是在各种腐蚀介质如海水、有机酸和各种盐溶液中有高的化学稳定性，有优良的冷热加工工艺性，因而可用于制作耐蚀零件，如汽轮机凝汽器、海船用耐蚀零件等。

在简单白铜中加入少量铁和锰不仅能细化晶粒和提高强度，还能显著改善耐蚀性。所以含铁的复杂白铜如 BFe30-1-1 和 BFe10-1-1 铁白铜可用于制作海船及其他在强烈腐蚀介质中工作的零件。

2. 电工用白铜

电工用白铜以锰白铜为主。电工用白铜的特点是具有高的电阻、热电势和低的电阻温度系数，被广泛用于制造电阻器、热电偶及其补偿导线等。

电工用白铜除了镍含量较低的 B0.6 和 B16 两种简单白铜外，还有不同锰含量的锰白铜。如 BMn40-1.5 又名康铜、BMn43-0.5 又名考铜，均为常见的电工材料，常用于制作热电偶、变阻器及加热器等。

五、青铜

历史上把铜锡合金称为青铜。现在把除黄铜和白铜以外的铜合金统称为青铜。根据主要加入的合金元素的不同分别称为锡青铜、铝青铜、铍青铜、铅青铜、硅青铜等。

加工青铜的代号用青字汉语拼音字头Q＋主加元素的化学符号＋主加元素的百分含量和其他合金元素的百分含量表示，如 QSn4-3 表示含 4％锡、3％Zn 的锡青铜，其牌号为 4-3 锡青铜；QBe2 为含 2％Be 的铍青铜，其牌号为 2 铍青铜；QAl7 为含 7％Al 的铝青铜，其牌号为 7 铝青铜。

（一）锡青铜

以锡为主要合金元素的铜合金即为锡青铜。锡青铜的力学性能与含锡量的关系见图 5-3。由图可见，合金中含锡量小于 6％时，合金的强度和塑性随含锡量的增加而提高。但当 Sn＞7％时，塑性急剧下降。当 Sn＞20％时，强度亦急剧下降，塑性极低。所以工业用锡青铜的含锡量一般在 3％～14％范围内。其中，用于压力加工的锡青铜，其含锡量一般不超过 8％；用于铸造的锡青铜，含锡量一般为 10％～14％。

锡青铜的耐腐蚀性（如在大气、淡水、海水、水蒸气中）和耐磨性比黄铜好，且是良好的减摩材料，主要用于制作蒸汽锅炉、海船及其他机械设备的耐蚀、耐磨零件，如蜗轮、齿轮、轴套、轴瓦、泵体、低压蒸汽管配件等。

常用青铜的代号、成分、力学性能及用途见表5-5。

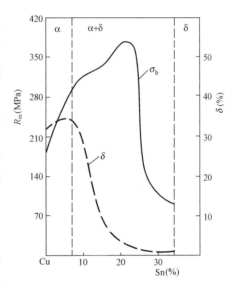

图 5-3　锡对铸造锡青铜性能的影响

（二）铝青铜

以铝为主加元素的铜合金称为铝青铜。工业用铝青铜的含铝量一般为 5％～11％。与黄铜和锡青铜相比，铝青铜具有更高的力学性能以及抗大气、海水腐蚀的能力，并有较高的耐热性。此外，还耐磨、耐蚀、耐寒，但在过热蒸汽中不稳定。铝青铜主要用于制作承受较大载荷的耐磨、耐蚀、耐高温零件及弹性零件，如重要的弹簧、齿轮、蜗轮、轴瓦、轴套、凝汽器管等。用海水作冷却水的火电厂试用铝青铜作凝汽器管已获成功。

（三）铍青铜

以铍为主加元素的铜合金称为铍青铜。工业用铍青铜的含铍量为 1％～2.5％。铍青铜不仅具有较高的强度、硬度、弹性极限和疲劳强度，而且还具有高的耐磨性、耐蚀性、导电性、导热性、耐寒性、抗磁性，受冲击时不产生火花。

铍青铜可用于制造各种精密仪器、仪表的弹性元件，耐蚀、耐磨零件（如仪表中的齿轮）、电焊机电极等。但铍青铜生产时有毒，生产工艺较复杂，因此在应用上受到一定的限制。

表 5-5　　　　　　　　　　　常用青铜的代号、成分、力学性能及用途

类别	代号或牌号	化学成分/%		力学性能①			主 要 用 途
		主加元素	其他元素	$R_m/$MPa	$A/\%$	HBS	
加工锡青铜	QSn4-3	Sn3.5~4.5	Zn2.7~3.3余量Cu	$\dfrac{294}{490\sim687}$	$\dfrac{40}{3}$	—	弹性元件、管配件、化工机械耐磨零件及抗磁零件
	QSn6.5-0.1	Sn6.0~7.0	P0.1~0.25余量Cu	$\dfrac{294}{490\sim687}$	$\dfrac{40}{5}$		弹簧、接触片、振动片、精密仪器中的耐磨零件
铸造锡青铜	ZCuSn10P1	Sn9.0~11.5	P0.5~1.0余量Cu	$\dfrac{220}{310}$	$\dfrac{3}{2}$	$\dfrac{78}{88}$	重要的减摩零件，如轴承、轴套、蜗轮、摩擦轮等
	ZCuSn5Pb5Zn5	Sn4.0~6.0	Zn4.0~6.0P4.0~6.0余量Cu	$\dfrac{200}{200}$	$\dfrac{13}{13}$	$\dfrac{59}{59}$	低速、中载荷的轴承、轴套及蜗轮等耐磨零件
加工铝青铜	QAl7	Al6.0~8.0	—	$\dfrac{-}{637}$	$\dfrac{-}{5}$		重要用途的弹簧和弹性元件
铸造铝青铜	ZCuAl10Fe3	Al8.5~11.0	Fe2.0~4.0余量Cu	$\dfrac{490}{540}$	$\dfrac{13}{15}$	$\dfrac{98}{108}$	耐磨零件及在蒸汽、海水中工作的高强度耐蚀件
铸造铅青铜	ZCuPb30	Pb27.0~33.0	余量Cu	—	—	$\dfrac{-}{24.5}$	曲轴、轴瓦、高速轴承
加工铍青铜	QBe2	Be1.8~2.1	Ni0.2~0.5余量Cu				重要的弹簧与弹性元件，耐磨零件以及在高速、高压和高温下工作的轴承

①　力学性能中分母的数值，对压力加工青铜是指硬化状态（变形度50%）的数值，对铸造青铜是指金属型铸造时的数值；分子数值，对压力加工青铜是指退火状态（600℃）的数值，对铸造青铜是指砂型铸造时的数值。

第三节　钛 及 钛 合 金

一、工业纯钛

钛是银白色金属，具有密度（4.51g/cm³）小、比强度高、耐蚀性好等特点，其导热性差，热膨胀系数小，切削加工性差。纯钛塑性好、强度低，容易加工成形。纯钛具有同素异晶转变，882℃以下为α钛（密排六方晶格），882℃以上为β钛（体心立方晶格）。

钛具有优良的耐腐蚀性。由于钛的表面能形成一层致密的氧化膜，因此，在大气、淡水、海水、高温（550℃以下）气体及中性、氧化性等介质中有较高的耐蚀性；在硫酸、盐酸、硝酸、氢氧化钠等介质中都很稳定，但不能抵抗氢氟酸的侵蚀。

工业纯钛中含有氢、碳、氧、铁、镁等杂质元素，少量杂质可使钛的强度和硬度显著升高，塑性和韧性明显降低。工业纯钛按杂质含量不同分为 TA0、TA1、TA2、TA3 四个牌号，牌号中 T 为钛字的汉语拼音第一个字母，A 表示其退火组织为 α 单相组织，后面的数字表示顺序号，顺序号越大，杂质就越多。

工业纯钛强度高、塑性较好、耐蚀性良好，在海水中的耐蚀性与不锈钢及镍基合金相近，可用于制造火电厂凝汽器管、汽轮机长叶片等零件。

二、钛合金

钛合金的主要加入元素有铝、铬、锰、铁、钼、钒等，这些元素能溶入钛而形成置换固溶体或与钛形成金属化合物，从而提高钛合金的强度，使其成为金属材料中比强度最高的一种合金。钛中加入锡和锆等元素，还能提高钛合金的耐热性。

按退火状态的组织的不同，钛合金分为三类。

1. α 型钛合金

α 型钛合金退火状态的组织为 α 固溶体。其牌号用 TA 加顺序号表示，如 TA4、TA5、TA6、TA7、TA9、TA10 等，顺序号越大，表明加入的合金元素越多。

α 型钛合金具有良好的热稳定性和优良的焊接性能，热强性高，650℃时能保持足够的强度，属于耐热型钛合金，但室温强度较低，低于其他类型钛合金。

2. β 型钛合金

β 型钛合金退火或淬火状态的组织为 β 固溶体。其牌号用 TB 加顺序号表示，如 TB2、TB3、TB4。

这类钛合金塑性很好，可冲压成型，热处理后具有很高的强度和高的断裂韧性，可焊性好，但密度大，组织不够稳定，热稳定性差，一般在 350℃ 以下使用。β 型钛合金主要用于飞机结构零件及螺栓、铆钉、轴、轮盘等。

3. α+β 型钛合金

α+β 型钛合金退火状态的组织为 α+β 固溶体。其牌号用 TC 加顺序号表示，牌号有 TC1、TC2、TC3、TC4、TC6、TC9、TC10、TC11、TC12 等。

这类钛合金具有良好的综合力学性能，通过退火和时效能进一步提高合金的强度；锻、冲、焊接性能均良好；热稳定性较差，组织不够稳定，焊接性能不如 α 型钛合金。这类钛合金可用于制作飞机蒙皮、导流叶轮等。

第四节　轴　承　合　金

滑动轴承一般由轴承体和轴瓦构成。为了提高轴瓦的强度和耐磨性，往往在轴瓦的内侧浇铸或轧制一层耐磨合金，形成一层均匀的内衬。用来制造滑动轴承中的轴瓦及其内衬的合金称为轴承合金。

一、轴承合金的性能

滑动轴承支撑着轴进行工作。当轴旋转时，轴与轴瓦之间必然有强烈的摩擦，且轴瓦表面承受轴颈传给的周期性交变载荷。在理想的工作条件下，轴与轴瓦间有一层润滑油膜相隔，进行理想的液体摩擦。但在实际工作中，特别是在启动、停车以及负荷变动时，润滑油膜往往遭到破坏，而进行半干摩擦甚至干摩擦。因此，轴承合金应具备以下性能：

（1）足够的抗压强度、疲劳强度和韧性，以承受轴颈所施加的应力以及在动力机械中承受冲击负荷。

（2）一定的硬度，小的摩擦系数，良好的储油能力。

（3）足够的塑性，良好的磨合性。

（4）良好的耐蚀性、导热性以及良好的工艺性。

为了满足上述要求，轴承合金的组织应为软的基体上均匀分布着硬的质点，或者是硬的基体上均匀分布着软的质点。图 5-4 为轴承合金理想表面示意图，其组织为软基体上均匀分

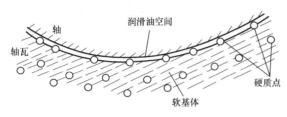

图 5-4　轴承合金理想表面示意

布着硬的质点。软的组织被磨损后形成的凹坑可以储存润滑油，有利于形成连续油膜。软组织还具有良好的磨合性和抗冲击、抗振动能力。凸起的硬质点能支承轴的工作压力，并起减摩作用。当轴在瞬间过载或有偶然的外来硬质点进入轴承表面时，软基体能嵌藏外来的硬质点，避免擦伤轴颈，但这类组织难以承受高的载荷。属于这类组织的轴承合金有巴氏合金和锡青铜等。

对高转速、高载荷轴承，强度是首要问题，这就要求轴承合金有较硬的基体组织来提高单位面积上能够承受的压力，这种硬基体上均匀分布着软质点的组织有较大的承载能力，但磨合性差。属于这类组织的轴承合金有铝基轴承合金和铝青铜等。

二、常用的轴承合金

常用的轴承合金有锡基轴承合金、铅基轴承合金（这两种通常称为巴氏合金或乌金）、铜基轴承合金、铝基轴承合金等。

轴承合金的牌号表示方法为：Z（铸字汉语拼音的首位字母）＋基体元素与主要合金元素的化学符号，主要合金元素后面跟有表示其百分含量的数字。合金元素的含量大于或等于 1% 时，用整数表示；小于 1% 时，一般不标注，必要时可用一位小数标注。例如 ZSnSb11Cu6 为含锑 11%、含铜 6% 的锡基轴承合金。

1. 锡基轴承合金

锡基轴承合金是以锡为基础，加入少量锑、铜所组成的合金。火电厂设备中最常用的锡基轴承合金是 ZSnSb11Cu6，其显微组织见图 5-5。显微组织中白色块状物是硬质点 SnSb 化合物，针状或粒状物为 Cu_3Sn 化合物，其余为软基体（锑在锡中的固溶体）。

锡基轴承合金的特点是具有小的线膨胀系数，较好的嵌藏性和减摩性。此外，还具有良好的韧性、导热性和耐蚀性，能承受较大的冲击力。其缺点主要是疲劳强度较低，热强性较差；其使用

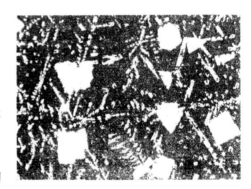

图 5-5　ZSnSb11Cu6 的显微组织（100×）

温度在超过 100℃ 时，强度、硬度约降低 50%。由于锡较稀少，故这种轴承合金价格最高。

锡基轴承合金主要用于制作汽轮机、发电机等高速重载机械的轴承。

2. 铅基轴承合金

铅基轴承合金是以铅为基础，加入适量锑、锡、铜等合金元素组成的合金。火电厂设备中最常用的铅基轴承合金为 ZPbSb16Sn16Cu2，即为含锑 16%、含锡 16%、含铜 2% 的铅基轴承合金。这种合金的强度、硬度、耐磨性以及冲击韧性均比锡基轴承合金低，也较易受腐蚀，但价格低廉，所以工业上应用较广。在电厂中，常用于泵、风机、磨煤机、电动机等低

速度和低、中负荷设备的为温度不超过 120℃ 的轴承。

3. 铜基轴承合金

铜基轴承合金主要是指各类青铜，如锡青铜、铅青铜、铝青铜等。电厂设备中常用的是锡青铜（前面已介绍）和铅青铜，常用牌号有 ZCuSn10P1、ZCuPb30 等。

锡青铜的组织由软基体及硬质点所构成。它能承受较大的载荷，广泛用于制作中等速度及受较大载荷的轴承，如电动机、泵等设备的轴承。

铅青铜是以铅为主加元素的铜基合金。铅不溶于铜，而成为独立的软质点均匀分布在硬的铜基体上。铅青铜具有优良的减摩性、高的疲劳强度和导热性，工作温度可达 320℃，可作为汽轮机、柴油机等高负荷、高转速机械设备的轴承材料。

4. 铝基轴承合金

铝基轴承合金是一种新型减摩材料，具有密度小、导热性好、疲劳强度高和耐蚀性好等优点，并且原料丰富，价格低廉，但其膨胀系数大，抗咬合性不如巴氏合金。我国已逐步推广使用其来代替巴氏合金与铜基轴承合金。

常用的铝基轴承合金是以铝为基体、锡为主加元素所组成的合金。其组织为硬基体上分布着软的质点。铝基轴承合金适于制造高速重载机械的轴承。

几种轴承合金的牌号、成分及力学性能见表 5-6。

表 5-6　　　　　　　　　几种轴承合金的牌号、成分及力学性能

类别	牌　号	铸造方法	化　学　成　分/%						力学性能≥		
			Sb	Al	Sn	Pb	Cu	其他元素总和	R_m/MPa	A/%	HBS
锡基	ZSnSb11Cu6	J	10~12		余量		5.5~6.5	0.55	—	—	27
	ZSnSb8Cu4		7.0~8.0		余量		3.0~4.0	0.55	—	—	24
铅基	ZPbSb16Sn16Cu2	J	15.0~17.0		15.0~17.0	余量	1.5~2.0	0.6			30
	ZPbSb15Sn5Cu3Cd2		14.0~16.0		5.0~6.0	余量	2.5~3.0	Cd：1.75~2.25 As：0.6~1.0 其余0.4			32
铜基	ZCuPb30	J			1.0	30	余量	1.0	—	—	25*
	ZCuSn10P1	S			9.0~11.5		余量	P：0.5~1.0 其余0.7	200	3	80*
		J							310	2	90*
		Li							330	4	90*
铝基	ZAlSn6Cu1Ni1	S		余量	5.5~7.0		0.7~1.3	Ni：0.7~1.3 其余1.5	110	10	35*
		J							130	15	40*

注　铸造方法中，J—金属型铸造；S—砂型铸造；Li—离心铸造。

＊参考数值。

复 习 思 考 题

1. 铝合金分为几类？试用二元铝合金相图解释分类的原则。

2. 何谓黄铜？其力学性能与什么有关？如何改善和提高黄铜的耐蚀性？

3. 何谓青铜？分哪几类？其性能有何特点？

4. 钛合金有何特点？工程上应用的钛合金有哪几种？各有何特性？

5. 常用轴承合金的组织结构有何特点？

6. 指出下列金属材料的类别、符号及数字的含义、性能及主要用途：

7A04；T3；QSn4-3；B10；TA2；HAl77-2；H68；ZSnSb11Cu6。

第三篇　金属材料的高温运行与监督

第六章　金属材料的高温性能与组织

　　火力发电厂热力设备中许多零部件长期处在高温高压和水汽介质条件下工作。在高温和应力的长期作用下，金属材料会发生组织和性能的变化，甚至可能引起零部件的失效而造成事故，直接影响火电厂的安全运行。例如，高温高压蒸汽管道和过热器管长期在高温和应力作用下运行，会发生蠕变变形和组织性能的变化，严重时会引起爆管事故的发生；高温螺栓在运行中，会发生初紧力随时间而减小的过程。这些高温部件在长期运行中发生的现象，正是我们研究火电厂热力设备中的金属材料长期在温度和应力工况下与常温机械的区别所在。因此，掌握热力设备零部件在运行中组织和性能的变化规律，对于保证火电厂的安全运行具有十分重要的意义。

第一节　金属的高温力学性能

　　金属在高温下的力学性能和常温力学性能是不同的，其主要差别在于高温力学性能受到温度、时间和组织变化等因素的影响。

一、温度对金属强度的影响

　　室温下的金属强度一般不受载荷作用时间的影响。但在高温下，对于每一种金属来讲，当温度超过某一温度时，其强度就会降低，温度越高，强度就越低；载荷作用的时间越长，其强度也会越低。

　　金属的强度是由晶内强度（晶粒内原子的引力）和晶界强度（晶界的结合力）所决定的。

　　常温下，晶界强度高于晶内强度。这是因为晶界处原子排列不规则，而且晶体缺陷又较多，从而具有较大的抗变形能力，金属的断裂为穿晶断裂（韧性断裂）。

　　随着温度的升高，原子之间的结合力下降，使晶内强度和晶界强度都下降，如图 6-1 所示。由于晶界处原子排列比较紊乱，加之有较多的缺陷，当温度升高时，原子就容易扩散，因而晶界强度下降得比较快。超过某一温度后，晶内强度就高于晶界强度。

　　晶内强度和晶界强度相等时的温度称为等强度温度（t_e）。当材料所处的温度高于等强度温度时，晶界强度低于晶内强度，这时材料的破坏为晶间断裂（脆性断裂），即在晶界处产生裂纹，然后裂纹沿晶界扩展，导致脆性断裂。

　　等强度温度与加载速度（变形速度）有关，即等强度温度随着加载速度的加大而升高。在热力设备中，有些零部件在高温和应力的长期作用下（相当于载荷速度很小的情况），

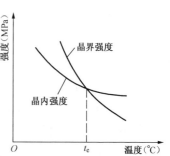

图 6-1　温度对晶内强度和晶界强度的影响

其破坏往往表现为脆性断裂。而在高速载荷下如短时超温爆管（相当于冲击或短时拉伸），等强度温度较高，往往表现为韧性断裂。

温度对晶内强度和晶界强度的影响不同，意味着晶粒大小对钢材强度的影响与温度密切相关。在常温下细晶粒对强度有利，而高温时（超过等强度温度）晶粒粗一些对强度有利。

二、蠕变

常温下，金属所受的应力达到屈服强度时，才会产生塑性变形。但金属在一定的温度和应力条件下，即使应力低于屈服极限，也会随着时间的延长产生缓慢而连续的塑性变形，这种现象称为蠕变。蠕变在低温下也会发生，但只有当温度高于 $0.3T_m$（以绝对温度表示的熔点）时才显著起来。碳钢超过 $300℃$、低合金钢超过 $350℃$，在一定应力长期作用下都会产生蠕变，而且温度越高，应力越大，蠕变速度就越快。

火电厂中，锅炉、汽轮机在运行中产生蠕变的零部件很多，例如过热器管、蒸汽管道和高温紧固件等。锅炉管子蠕变现象严重时会使管壁越来越薄，最终导致爆管事故的发生。因此，抗蠕变能力的大小是衡量耐热钢高温力学性能的一个重要指标。

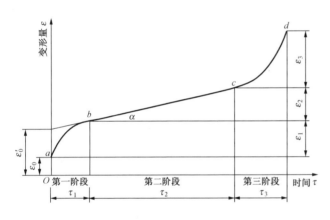

图 6-2　蠕变曲线（温度为常数，应力为常数）

（一）蠕变曲线

描述金属在一定温度和应力作用下的蠕变变形量与时间的关系曲线，叫作蠕变曲线。典型的蠕变曲线如图 6-2 所示。

图 6-2 中，Oa 部分是加载后所引起的瞬时变形，如果所加的应力超过了金属在该温度下的弹性极限，这种变形包括弹性变形和塑性变形两部分。这种变形还不标志着蠕变现象的发生，而只是由外载荷引起的一般变形过程。

由图可以看出，蠕变变形过程可分为 ab、bc、cd 三个阶段：

ab——蠕变第一阶段。在此阶段，初蠕变速度很大，随着时间的延长蠕变速度逐渐减小，因此称为蠕变减速阶段。

bc——蠕变第二阶段。bc 近似直线，蠕变速度 $d\varepsilon/d\tau$ 为一常数，即金属以基本恒定的蠕变速度变形，故又称为蠕变等速阶段。通常所说的蠕变速度就是指该阶段的蠕变速度。

cd——蠕变第三阶段。在此阶段，金属以逐渐增大的蠕变速度变形，蠕变速度越来越大，直至 d 点发生断裂，故又称为蠕变加速阶段。在此阶段所用的时间相对于等速阶段所用的时间较短，但其所产生的变形却大于减速阶段和等速阶段。对于锅炉的高温部件，可以从测定它们的蠕变变形去判断其是否接近断裂而必须及时进行更换。

不同的金属材料在不同条件下得到的蠕变曲线不同，同一种金属材料的蠕变曲线也随温度和应力的不同而不同，但一般仍保持着蠕变三个阶段的特点，但各阶段的持续时间不同。应力和温度对蠕变曲线的影响（相同材料）见图 6-3。

由图 6-3 可以看出，当升高温度或增大应力时，蠕变速度加快，蠕变等速阶段逐渐缩短，甚至最终消失，这时只有减速和加速阶段，金属在很短时间内发生断裂；当降低温度或减小应力时，蠕变速度降低，蠕变等速阶段增长，甚至不发生加速阶段，即金属可能不致发生断裂。

理想金属材料的蠕变曲线应满足第一阶段的起始蠕变量小，第二阶段的蠕变

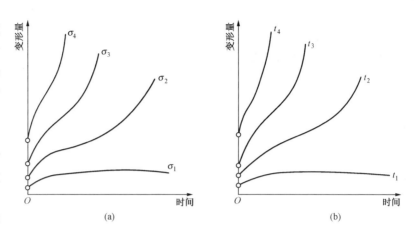

图 6-3　应力和温度对蠕变曲线的影响（相同材料）
(a) 温度一定，$\sigma_4 > \sigma_3 > \sigma_2 > \sigma_1$；(b) 应力一定，$t_4 > t_3 > t_2 > t_1$

速度低，并且要有明显的第三阶段，以预示蠕变危险点的到来。

（二）蠕变极限

为了说明金属材料在某一温度条件下抵抗蠕变的能力，必须引入蠕变极限这个高温强度指标。蠕变极限有两种表示方法。一种方法是以在一定工作温度下，引起规定变形速度的应力值来表示。这里所指的变形速度是蠕变第二阶段的变形速度。热力设备零部件用钢规定的蠕变速度一般是 $v = 1 \times 10^{-5}\%/h$ 或 $v = 1 \times 10^{-4}\%/h$，蠕变极限就相应写成 $\sigma^t_{1 \times 10^{-5}}$ 或 $\sigma^t_{1 \times 10^{-4}}$，表示在温度 t 时的蠕变极限，单位是 MPa。如 12MoVWBSiRE 钢的蠕变极限为 $\sigma^{580}_{1 \times 10^{-5}} = 93\text{MPa}$，表示该钢在 580°C 下蠕变速度为 $1 \times 10^{-5}\%/h$ 时的蠕变极限为 93MPa。

另一种方法是以在一定的工作温度下，规定的使用时间内，钢材发生一定蠕变变形量时的应力值来表示。热力设备零部件用钢规定的工作期限为 10^5h（约 12 年），总变形量不大于 1%，蠕变极限写为 $\sigma^t_{1/10^5}$，表示在温度 t 时的蠕变极限，单位是 MPa。

在工程实际中，往往采用后一种表示形式。

汽轮机叶片、叶轮、隔板、汽缸等部件，由于间隙要求很小，在运行时不允许有较大的变形，因此，在进行强度计算时以蠕变极限作为强度计算的指标。对于锅炉的过热器管、联箱、主蒸汽管等，则允许有较大的蠕变变形量，只要不引起破坏即可，这时，蠕变极限不作为强度计算指标。

三、持久强度和持久塑性

（一）持久强度

金属的持久强度，是评定受力元件在高温下长期使用的强度指标，它是在给定温度下经过一定的时间材料破坏时的应力值。热力设备零部件用钢的设计寿命一般为 10^5h，则其持久强度表示为 $\sigma^t_{10^5}$，表示在温度 t 下持续时间为 10^5h 材料的持久强度，单位为 MPa。例如 $\sigma^{700}_{10^5}$ 表示在 700°C 下持续 10^5h 材料破坏时的应力即持久强度。

持久强度表示钢在高温和应力作用下抵抗断裂的能力。持久强度的数值越大，说明使金属材料在高温下发生断裂所需的外力就越大，即金属材料在高温时承受外力的能

力就越大。持久强度是耐热钢高温强度计算的依据，锅炉钢管就常以持久强度作为其主要设计依据。

由于 10^5h 是一个相当长的时间，钢的持久强度试验一般不可能真正进行到 10^5h，通常只试验到 5000～10000h，然后根据短期试验数据外推到 10^5h 的断裂应力值。持久强度曲线如图 6-4 所示。

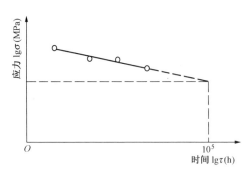

图 6-4 持久强度曲线

持久强度试验通常是用 5 或 6 根试样，在一定的温度下，让每根试样承受不同的外力做拉伸试验。因为不同的应力就有不同的断裂时间，将所得的应力和断裂时间的数据描绘到应力和时间的双对数坐标上，然后将各点连成一条直线，再延长此线外推到 10^5h，从纵坐标上找出应力值，即为在某一温度下 10^5h 的持久强度。

用外推法确定材料的持久强度是比较粗略的。这是因为，当试验时间很长时，直线上一般都有折点出现，其位置随钢材和温度的不同而不同。对同一种钢材，折点出现的时间随温度的升高而缩短。折点的发生，主要是因为钢材由穿晶断裂过渡到晶间断裂所致。试样断口分析表明，折点前发生的断裂为穿晶断裂，折点后发生的则为晶间断裂。显然，对试验时间较短，以致折点还未出现的钢材，外推所得到的持久强度值是偏高的。因此，为提高其可靠性，持久强度试验的时间不宜过短。

（二）持久塑性

当做持久强度试验时，材料断裂后的断后伸长率和断面收缩率表征了材料在高温和应力长期作用下的塑性性能，称为持久塑性。

热力设备的高温零部件在长期运行过程中，只要具有良好的持久塑性，即便强度稍差一点，也能在很大程度上排除脆性断裂的可能性。因为定期的蠕变测量可以保证运行的安全性。所以，对高温下长期工作而又允许较大变形量的零部件，如主蒸汽管、过热器管等，选材时除考虑蠕变和持久强度外，还必须考虑钢材的持久塑性。

一般认为，在高温下长期工作的不同种类的锅炉用钢，持久塑性（A 值）不得低于 3%～5%。

四、影响蠕变极限和持久强度的因素

金属材料的蠕变极限和持久强度主要取决于材料的化学成分，而又与冶金质量、组织状态、温度波动、热处理工艺、冷变形程度、晶粒度等密切相关。这里主要介绍冶金质量、金相组织、温度波动、晶粒度等对金属材料的蠕变极限和持久强度的影响。

（一）冶金质量

冶金质量对钢的热强性影响较大。钢中存在有非金属夹杂物和某些冶金缺陷，会降低钢的热强性。一般来说，同一化学成分和组织的钢，镇静钢的热强性比沸腾钢好，电炉钢又优于平炉钢。

（二）金相组织

不同类型的金相组织对低合金耐热钢的蠕变极限和持久强度有很大影响。对 Cr-Mo、Cr-Mo-V 钢的研究表明，在一定的温度范围（540～600℃）内，贝氏体组织具有高的蠕变抗力和持久强度，马氏体次之，铁素体和珠光体最低。但钢的持久塑性则相反，即贝氏体组织持久塑性最差，铁素体和珠光体组织较好。由此可见，对低合金耐热钢，不能单纯从获得单一的贝氏体组织来提高其蠕变抗力和持久强度，还必须考虑蠕变脆性的倾向。

（三）温度波动

钢的蠕变极限和持久强度是在温度恒定情况下的试验结果。实际上，锅炉的过热器管、导汽管等常因锅炉启动、停炉、超负荷运行等原因引起工作温度的波动，特别是减温器，总是处于温度波动的工作状态。温度波动不仅使热力设备零部件产生附加热应力，而且也会加快内部组织的变化，加速蠕变过程的进行，降低钢的持久强度。例如，12Cr1MoV 钢在温度波动 15～20℃时持久强度降低 20%～50%。

（四）晶粒度

当钢的工作温度高于等强度温度时，钢的晶内强度高于晶界强度，因而粗晶粒钢比同种细晶粒钢的蠕变抗力及持久强度高。但应指出，钢的热强性并不是随晶粒增大而一直提高的。试验表明，每一种钢在不同温度下有不同的最佳晶粒度范围，超过这个范围时，晶粒度的增大反而使热强性降低。一般来说，热力设备的高温零部件，在综合考虑蠕变抗力、持久强度及持久塑性等性能的前提下，通过热处理获得 3～6 级晶粒度是比较适宜的。此外，耐热钢中晶粒度的不均匀会显著降低热强性，这是由于大、小晶粒交界处出现应力集中，容易在这里产生裂纹，引起提前断裂。

五、应力松弛

（一）应力松弛现象

金属在高温和应力长期作用下，如果总的变形量不变，随着时间的延长，工作应力逐渐降低的现象称为应力松弛，简称松弛。

松弛过程可以用一数学式来表示，当温度为常数时

$$\varepsilon_0 = \varepsilon_p + \varepsilon_e = 常数$$

式中　ε_0——松弛过程开始时金属所具有的开始的总变形；

　　　ε_p——塑性变形；

　　　ε_e——弹性变形。

在应力松弛过程中，虽然总变形 ε_0 不变，但弹性变形 ε_e 在逐渐地转变为塑性变形 ε_p，两者是同时等量发生的，因而零件的工作应力随时间而降低。

锅炉、汽轮机的许多零部件如紧固件、弹簧、汽封、弹簧片等会产生应力松弛现象。当应力松弛到一定程度后，就会引起汽缸和阀门漏汽，影响机组正常运行。例如汽缸结合面的螺栓，在开始运行前受一预先的初紧力，产生一定的总变形，这个总变形中的弹性变形产生的初始工作（弹性）应力致使螺栓将上下汽缸结合面压紧而不致漏汽。在松弛过程中，由于弹性变形减小，塑性变形增加，所以工作应力降低，最后就不能保证汽缸结合面的紧密结合。

应力松弛过程可以用应力松弛曲线来表示，见图 6-5。应力松弛曲线反映了总的变形量不变时，应力随时间的增加而逐渐降低的过程。松弛过程可分为两个阶段：第一阶段，应力随时间快速降低；第二阶段，应力下降逐渐变慢并趋于恒定。事实上，高温紧固件都是在有预紧力的情况下开始工作的，因此，运行中人们最关心的是紧固件工作一定时间后还保存多少剩余应力，是否因应力松弛而影响正常运行。图 6-5 表明，当预紧应力为 σ_0 时，经 τ_1 时

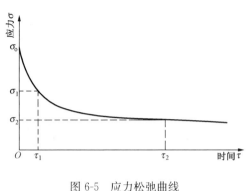

图 6-5　应力松弛曲线

间后剩余应力为 σ_1；经 τ_2 时间后剩余应力为 σ_2。对于不同的材料，在相同的试验温度、时间和预紧力的情况下，剩余应力越高，则表明材料的抗松弛稳定性越好。钢的抗松弛稳定性，是选用高温下的弹簧及紧固件等材料的重要技术指标之一。汽轮机、锅炉中的高温螺栓就是以抗松弛稳定性作为强度计算指标的。一般要求高温螺栓的使用寿命为 20 000h，即经过 20 000h 运行后，其最小密封应力值不低于 150MPa。

应力松弛和蠕变既有区别，也有一定的联系。可以认为，蠕变是在恒温、恒应力的长期作用下，塑性变形随时间的延长而逐渐增加的过程；而应力松弛则是在恒定的总变形量的情况下，应力随时间的增加而逐渐减小的过程。蠕变抗力高的材料，其抗松弛性也好。因此，可以把应力松弛认为是应力随时间的增加而逐渐减小的蠕变现象。

（二）影响钢的抗松弛性的因素

1. 合金元素对抗松弛性的影响

（1）钢的含碳量对抗松弛稳定性的影响是很明显的。对碳钢来说，当工作温度为 400～450℃时，对抗松弛稳定性产生最佳影响的含碳量是 0.17%。在低合金 Cr-Mo-V-Nb 钢中含碳量由 0.2% 增加到 0.3% 时，使抗松弛稳定性降低。

（2）在低合金 Cr-Mo 钢中加入钒能显著提高钢的抗松弛稳定性。在低合金 Cr-Mo-V 钢中，当 V/C＝4 时，抗松弛稳定性最高。在低合金 Cr-Mo-V 钢中加入适量的钛，能显著改善钢的抗松弛稳定性。

2. 热处理对钢的抗松弛稳定性的影响

（1）热处理规范对钢的抗松弛稳定性有影响。低合金 Cr-Mo-V 钢经正火＋回火热处理后，抗松弛稳定性比淬火＋回火好。

（2）热处理参数对低合金耐热钢的抗松弛稳定性有明显的影响。提高奥氏体化温度可使钢的抗松弛稳定性增加，提高回火温度使钢的抗松弛稳定性降低。不同成分的低合金耐热钢，对抗松弛稳定性影响的温度范围各不相同。

3. 重复加载对抗松弛稳定性的影响

汽轮机、锅炉设备中使用的螺栓，在机组每次检修时均需拆装一次，即相当于螺栓重复加载一次，高温螺栓在整个使用寿命中需经重复加载若干次。对 Cr-Mo-V 钢进行的研究表明，重复加载能提高钢的抗松弛稳定性。

六、热疲劳

（一）热疲劳现象

金属材料由于温度的循环变化而引起热应力的循环变化，由此而产生的疲劳破坏称为热疲劳。热力设备的零部件如叶片、汽缸、转子及锅炉热交换器管等会因温度的波动及启动、停炉等，在其内部产生交变热应力而造成热疲劳破坏。热应力的产生是由于温度变化引起材料的变形（膨胀和收缩），如果这种变形受到约束，则在材料内部就会产生应力，这种应力称为热应力。

热疲劳引起的金属材料损伤要比一般机械疲劳更复杂些。首先，温度的循环除引起热应力外，还会导致材料组织发生变化，使持久强度和持久塑性降低；其次，热疲劳时温度分布不均匀，塑性变形集中在温度梯度大的区域，应力集中程度大，加速了热疲劳裂纹的产生和发展。

热疲劳裂纹一般在金属表面形成，因为表面存在着最大的热应力、应力集中及介质腐蚀。通常裂纹源有若干个，它们有可能连接起来形成主裂纹。裂纹的扩展与钢种有关，合金钢的热疲劳裂纹往往垂直于表面向内发展，造成横向断裂；碳钢则往往沿表面扩展成网状裂纹，呈龟裂状。断口分析表明，热疲劳裂纹可沿晶内或晶界发生；随着温度的升高，由穿晶裂纹向晶间裂纹过渡，其断裂自然也由穿晶断裂向晶间断裂过渡。

如果金属材料受到急剧的加热或冷却，在材料内部会产生很大的冲击热应力，这种现象称为热冲击。它比热疲劳承受的热应力大得多，有时甚至一次温度循环所形成的热应力就会超过材料的抗拉强度，导致一次热冲击就会使零件损坏。汽轮机在启停和工况变化时，应当防止汽缸、转子等部件受到热冲击。

（二）影响热疲劳的因素

1. 温度差

影响热疲劳的因素很多，最主要的是部件本身的温度差。温度差越大，引起的热应力就越大，材料就容易产生热疲劳破坏。

2. 材料本身的性能

金属材料内部产生的热应力与导热系数成反比，与线膨胀系数成正比。因此，钢的线膨胀系数越大，热导率就越小，势必造成较大的温差，产生较大热应力，使材料的抗热疲劳性能降低。珠光体钢比奥氏体钢具有较好的抗热疲劳性能，其原因主要在于此。

钢在高温长期应力作用下，组织会发生变化，使钢的持久强度和持久塑性下降，从而使抗热疲劳性能降低。高温下钢的组织稳定性越好，抗热疲劳能力就越高。

此外，热疲劳主要是晶内破坏，所以细晶粒钢的抗热疲劳性能好。

七、热脆性

热脆性是指钢在某一温度区间（如 $400\sim550℃$）长期加热后，发生室温冲击韧性明显下降的现象。

几乎所有的钢都有产生热脆性的趋势。在脆性发展的温度范围内，温度越高，时间越长，钢的热脆性就越显著。呈现热脆性的钢在高温下冲击韧性并不低，只有在室温下才呈现脆性，此时 α_k 很低，比正常 α_k 下降 $50\%\sim60\%$ 甚至更低。我国一些电厂使用的 25Cr2Mo1V 钢高压螺栓，在长期运行中产生了热脆性现象，α_k 值由大约 $120J/cm^2$ 下降到 $20\sim30J/cm^2$，并往往因此发生脆断。脆断的螺栓经金相检验，可以在金相组织上看到黑色的网状晶界，证明 25Cr2Mo1V 钢在高温长期运行所发生的热脆性过程中，沿着奥氏体晶界有新相析出。

产生热脆性的原因，一般认为，是在一定温度的长期作用下，由于钢中某些相的成分发生变化，在晶界析出金属间化合物、碳化物、氮化物等，使晶界相对弱化而产生脆性。

珠光体钢与奥氏体钢的热脆性的表现不同。珠光体钢产生热脆性后，除冲击韧性下降外，其他力学性能无显著变化；而奥氏体钢产生热脆性后，不仅冲击韧性下降，而且其他力学性能也有明显变化，这主要是由于奥氏体钢的过饱和固溶体沿晶界析出了强化相的结果。

影响热脆性的主要因素是化学成分。含有 Cr、Mn、Ni 等元素的钢热脆性倾向较大；磷的存在使钢的热脆性倾向加大；钢中加入适量的 Mo、W、V 等元素，可降低钢的热脆性倾向；在低合金耐热钢中加入微量元素如硼、钛和硼、铌和硼等，也可以减少热脆性。

第二节　钢在高温下的组织变化

在室温下，钢的组织和性能相当稳定。但在高温长期应力作用下，由于原子扩散过程的加剧，钢的组织将逐渐发生变化，从而导致钢的性能改变。钢在高温长期应力作用下的组织变化主要有珠光体的球化、石墨化、时效和新相的形成、合金元素在固溶体和碳化物之间的重新分配。

一、珠光体的球化

（一）珠光体球化的概念及危害

钢在高温和应力长期作用下，珠光体中的片层状渗碳体逐渐转变为球状渗碳体并聚集长大的现象，称为珠光体中碳化物的球化，简称为珠光体的球化。珠光体的球化是碳钢和珠光体耐热钢（如 20、16Mo、15CrMo、12Cr1MoV 钢）在高温下最普遍的组织变化形式。

珠光体的球化过程大体包括渗碳体分散、成球、碳化物小球聚集长大，有些地方相连成串，最后出现大量的"双重晶界"，如图 6-6 所示。

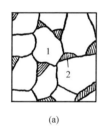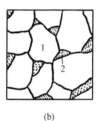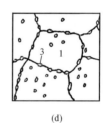

（a）　　　　　　（b）　　　　　　（c）　　　　　　（d）

图 6-6　珠光体球化过程示意

（a）原始组织；（b）珠光体分散；（c）成球；（d）球化组织

1—铁素体；2—片状珠光体；3—球状碳化物

球化会使常温下钢的强度如抗拉强度、屈服强度降低，硬度也降低，并能适当提高其塑性。由于碳化物沿晶界呈链状分布，会使低碳钢和低碳钼钢的室温冲击韧性降低。球化还会使材料的蠕变极限、持久强度明显下降，使蠕变速度加快，缩短使用寿命。试验证明，12Cr1MoV 钢完全球化后，持久强度降低约 1/3。在火电厂中，因锅炉钢管严重球化所引起的爆管事故时有发生。

（二）珠光体球化的原因及其影响因素

在高温下长期运行的碳钢和珠光体耐热钢发生珠光体的球化是必然的。因为片状渗碳体的表面积比相同体积的球状渗碳体要大，片状渗碳体的表面能较高，因此，存在着从较高的能量状态向较低的能量状态转变的趋势。在常温或较低温度下，原子的活动能力较弱，不会发生上述转变；但在高温下，原子的活动能力增加，扩散速度加快，通过原子的扩散，片状渗碳体会逐渐转变为球状渗碳体而实现珠光体的球化。

火电厂用钢引起球化的原因，一是高温，二是在高温下工作的时间长。尤其是超温运行或工作温度经常上下波动，会促进球化的产生和发展。

温度和时间是影响珠光体球化的主要因素。温度越高，球化速度就越快，完全球化所需的时间也就短。例如锅炉钢管的向火侧比背火侧球化程度严重得多。球化过程需要时间，随着运行时间的增加，球化越严重。

钢的化学成分对珠光体的球化过程也有较大影响。由于球化过程与碳的扩散速度有关，因此，一般认为，凡是能形成稳定碳化物的合金元素，或能溶入固溶体并降低碳在固溶体中扩散速度的合金元素，均能阻止或减缓珠光体的球化过程。单纯的碳素钢最易球化，当钢中加入 Cr、Mo、V、Ti、Nb 等元素后，球化就不易进行。这是因为 V、Ti、Nb 等元素与碳形成稳定碳化物后，减少了渗碳体（Fe_3C）的数量，Cr、Mo 等元素降低了碳原子的扩散速度。

此外，钢的晶粒度也会影响球化过程。由于球化容易在晶界上进行，所以细晶粒钢较粗晶粒钢更易于球化过程的进行。

二、石墨化

（一）石墨化及其对钢性能的影响

在高温和应力的长期作用下，钢中的渗碳体分解出游离态石墨的现象，称为石墨化，可表示为

$$Fe_3C \longrightarrow 3Fe + C（石墨）$$

石墨化是碳钢和珠光体钼钢常发生的一种组织变化。

石墨化是在渗碳体分解的同时形成石墨晶核，随着渗碳体不断分解再形成石墨晶核，同时使已形成的石墨晶核不断长大成石墨球，呈链状或单独地分布在晶界上。石墨化不仅在很大程度上消除了碳化物对钢的强化作用，而且石墨本身的强度和塑性极低，石墨的存在，相当于空穴存在于钢的内部，从而割裂了基体的连续性，使钢的强度下降，塑性和韧性迅速降低，使钢脆化，很快引起管子爆裂。国内外均发生过因石墨化而引起的爆管事故。图 6-7 为碳钢主蒸汽管石墨化的显微组织。

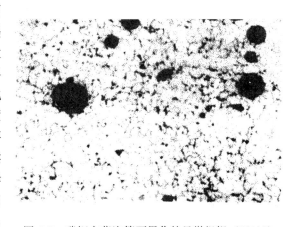

图 6-7　碳钢主蒸汽管石墨化的显微组织（550×）

（二）影响石墨化的因素

影响石墨化的主要因素是温度和钢的化学成分。石墨化过程也是一个扩散过程，只出现在高温下。碳钢约在 450℃ 以上，钼钢（0.5% Mo）约在 485℃ 以上。碳钢和珠光体钼钢在其开始石墨化温度以上超温运行，温度越高，石墨化过程就越快。

钢的化学成分对其石墨化倾向有决定性的影响。实践证明，不用铝脱氧或脱氧时加铝量不大于 0.002 5% 的碳钢和珠光体钼钢，不会发生石墨化。钢中加入 Si、Al、Ni 等元素，会促进石墨化过程的进行；加入形成碳化物的合金元素 Cr、V、Nb、Ti 等，则将形成稳定性更高的碳化物，或使渗碳体稳定性提高，从而有效阻止石墨化过程的进行。

三、合金元素在固溶体和碳化物之间的重新分配

在高温和应力作用下，由于原子扩散能力的增加，钢中的合金元素会在固溶体和碳化物之间重新分配。合金元素在固溶体和碳化物之间的重新分配过程包括两个方面：一是固溶

体、碳化物中合金元素含量的变化（称为碳化物成分的变化）；二是运行过程中同时发生的碳化物结构类型、数量和分布形式的变化。因此，合金元素重新分配的特点是，固溶体中合金元素的含量逐渐减少，而碳化物中合金元素的含量逐渐增加，于是出现固溶体中合金元素逐渐贫化现象。对耐热钢而言，固溶体中合金元素的贫化主要是指钼和铬的贫化。

固溶体中合金元素的贫化也是一个自发过程。因为溶入固溶体中的合金元素引起的晶格畸变，使固溶体不稳定，只要温度水平能使合金元素的原子有足够的活动能力，合金元素就会力图从固溶体中转移到较为稳定的碳化物中去。随着扩散过程的进行，固溶体中合金元素的含量逐渐减少，碳化物中合金元素的含量逐渐增加，于是固溶体中合金元素逐渐贫化。

固溶体中合金元素的贫化使钢的室温强度、蠕变极限和持久强度下降。

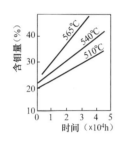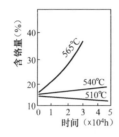

图 6-8　12Cr1MoV 钢在不同温度下长期运行后碳化物内合金元素含量的变化

热力设备的运行温度和时间对合金元素的重新分配过程有较大影响。运行温度越高，固溶体中合金元素的贫化就越快。图 6-8 为 12Cr1MoV 钢在不同温度下长期运行后碳化物内合金元素含量的变化。由图可见，12Cr1MoV 钢在 510℃ 运行时，钼元素就已从固溶体中析出，并随时间的延长而增加，但铬在固溶体中的含量基本不变；随着温度的升高和运行时间的延长，钼和铬从固溶体中的析出量均逐渐增加，贫化现象越来越严重。

钢的化学成分对合金元素的重新分配有决定性的影响。由于合金元素的重新分配与扩散过程有关，因此，钢中加入能延缓扩散过程的合金元素，就能提高固溶体的稳定性，从而减少固溶体中合金元素的贫化程度。在珠光体和马氏体耐热钢中，同时加入 Cr、Mo、W 等元素，能有效地提高基体原子间的结合力并阻止原子的扩散，从而提高固溶体的稳定性；加入 V、Ti、Nb 等强碳化物形成元素，以稳定碳化物相，从而阻止钼和铬从固溶体中向碳化物中迁移。此外，钢中含碳量的增加，会加速合金元素的重新分配过程。

四、时效和新相的形成

一般来说，凡是用淬火或快速冷却的方式获得过饱和固溶体，然后过饱和固溶体进行分解的过程，都称为时效。耐热钢的时效是指它们在长期运行过程中，随着运行时间的推移从过饱和固溶体中析出一些强化相质点而使钢的性能随时间发生变化的现象。时效过程也就是新相的形成过程，因为析出的强化相也就是在钢中形成的新相。

时效是强化相的析出和聚集长大过程。高温下，从过饱和固溶体中析出的强化相质点还十分细小而分散时，使钢的强度、硬度及蠕变极限、持久强度升高，塑性、韧性降低，通常称之为沉淀强化或弥散强化。随着时间的延长，这些细小分散的质点逐渐聚集长大，因而强化效果消失，钢的强度、硬度降低，蠕变极限和持久强度也显著降低，对耐热钢的长期运行带来不利影响。

影响时效过程的主要因素是温度。温度越高，时效过程进行得就越快。

钢在时效过程中析出的新相主要是碳化物，还有氮化物或金属间化合物。显然，这些析出物越稳定而难于聚集，则越能在较长的时间内保持其对钢的强化作用。在耐热钢中，用工作温度下的时效来提高其蠕变极限和持久强度，是重要的强化方法之一。但应指出，这种强化方法只有在一定温度范围内和一定时间内才有最佳效果，过高的温度和过长的时间都会对钢的高温强度产生不利影响。

奥氏体钢和马氏体钢有明显的时效现象，而珠光体钢则不明显。

复 习 思 考 题

1. 温度对金属强度有何影响？什么是等强度温度？

2. 何谓蠕变？绘图说明蠕变变形过程及各阶段的特点。

3. 蠕变极限的表示方法有哪两种？热力设备中哪些零部件要以蠕变极限作为强度计算的指标？

4. 什么是持久强度？它与蠕变极限有什么关系？哪些零部件要以持久强度作为强度计算的指标？

5. 什么是持久塑性？它是如何确定的？

6. 何谓应力松弛？产生的原因是什么？热力设备中哪些零件易产生应力松弛现象？

7. 什么是热疲劳？它同一般的疲劳有何区别？影响钢的热疲劳性能的主要因素有哪些？

8. 什么是热脆性？产生热脆性的原因是什么？

9. 耐热钢在高温下会发生哪些组织变化？这些组织变化对钢的性能有什么影响？

10. 金属材料的高温力学性能和常温力学性能相比有什么特点？

第七章　锅炉主要零部件的选材及事故分析

火电厂锅炉主要零部件用钢种类很多，各零部件都有自己的特点和用钢要求。本章介绍锅炉主要零部件的一般选材及主要金属事故。

第一节　锅炉受热面管与蒸汽管道用钢

一、锅炉受热面管与蒸汽管道的工作条件和对材料的性能要求

锅炉受热面管是指水冷壁管、省煤器管、过热器管、再热器管（俗称"四管"）等；蒸汽管道包括主蒸汽管、再热蒸汽管、导汽管等。

锅炉受热面管及蒸汽管道在高温、应力及水汽介质的作用下长期工作，会产生蠕变和氧化腐蚀，尤其以过热器管和蒸汽管道最为典型。由于布置在炉内，过热器管子外部承受高温烟气的腐蚀和烟气中夹带的烟灰的磨损作用；内部则流动着高温、高压蒸汽，管壁温度比管内介质的温度高出 $20\sim90℃$。此外，过热器管还要承受高温烟气的腐蚀和烟气中夹带的烟灰的磨损作用。蒸汽管道主要承受管内过热蒸汽的温度和压力作用，以及由钢管重量、介质重量和支撑悬吊等引起的附加载荷的作用，管壁温度与管内介质温度相近。虽然蒸汽管道的工作条件没有过热器管工作环境恶劣，但是蒸汽管道在炉外，一旦发生事故，后果不堪设想。因此，同一牌号金属材料，用于蒸汽管道时所允许的最高使用温度比用于过热器管时的最高使用温度低 $30\sim50℃$。为了热力设备的安全运行，对锅炉钢管用材的性能要求如下：

（1）足够高的蠕变极限、持久强度和持久塑性。持久强度高，可以保证在蠕变条件下安全运行，同时管壁无需很厚，便于制造，有利于提高热效率。高的蠕变极限能保证管道在规定时间内蠕变变形量不超过允许值。持久塑性 A 一般不小于 $3\%\sim5\%$，以防止材料产生蠕变脆性破坏。

（2）组织稳定性好。

（3）高的抗氧化性能和耐腐蚀性能。一般要求在工作温度下的氧化速度应小于 $0.1mm/a$。

（4）良好的工艺性能，特别是焊接性能要好。

上述要求是相互制约的。要保证热强性和组织稳定性，需要加入合金元素，但这往往会使工艺性能尤其是焊接性能降低。在这种情况下，应优先考虑使用性能要求，对焊接性能则可以通过改善焊接工艺来补救。

二、锅炉受热面管及蒸汽管道的选材

锅炉受热面管与蒸汽管道常用材料的化学成分见表7-1，力学性能见表7-2。

锅炉钢管的选材应以适用、经济为原则，在满足性能要求的前提下，尽量选用较为经济的钢材。蒸汽温度在 $450℃$ 以下的低压锅炉管道，主要使用 10 钢、20 钢。中、高压以上机组的水冷壁管和省煤器管的工作温度不是很高，因此这两种部件可用 20 钢。省煤器管还承受烟气的磨损作用，一般在管排的外圈加装防磨瓦。其他锅炉管道均采用合金钢管，如低合金耐热钢、马氏体耐热钢和奥氏体耐热钢。现按工作温度分述过热器管和蒸汽管道用钢。

表 7-1　　　　　锅炉受热面管与蒸汽管道常用材料的化学成分

钢　号	化学成分（质量分数）/%									其　他	
	C	Mn	Si	S	P	Mo	Cr	V	W		
20G	0.17~0.24	0.35~0.65	0.17~0.37	≤0.030	≤0.030						
15MoG	0.12~0.20	0.40~0.80	0.17~0.37	≤0.030	≤0.030	0.25~0.35					
15CrMoG	0.12~0.18	0.40~0.70	0.17~0.37	≤0.030	≤0.030	0.40~0.55	0.80~1.10				
12Cr1MoVG	0.08~0.15	0.40~0.70	0.17~0.37	≤0.030	≤0.030	0.25~0.35	0.90~1.20	0.15~0.30			
10CrMo910	0.06~0.15	0.40~0.70	≤0.50	≤0.030	≤0.035	0.90~1.10	2.0~2.5				
12Cr2MoWVTiB	0.08~0.15	0.45~0.65	0.45~0.75	≤0.030	≤0.030	0.50~0.65	1.6~2.1	0.28~0.42	0.30~0.55	Ti 0.08~0.18	B 0.002~0.008
T23	0.04~0.10	0.10~0.60	≤0.50	≤0.010	≤0.030	0.05~0.30	1.90~2.60	0.20~0.30	1.45~1.75	Nb 0.06~0.10 B0.000 5~0.006	N≤0.030 Al≤0.03
T24	0.05~0.10	0.30~0.70	0.15~0.45	≤0.010	≤0.02	0.90~1.10	2.20~2.60	0.20~0.30		Ti 0.05~0.10 B 0.001 5~0.007	N≤0.012 Al≤0.02
10Cr9Mo1VNb	0.08~0.12	0.20~0.50	0.30~0.60	≤0.010	≤0.020	0.85~1.05	8.0~9.50	0.18~0.25		N 0.030~0.070 Nb 0.06~0.10	Al≤0.040 Ni≤0.40
T92	0.07~0.13	0.30~0.60	≤0.50	≤0.010	≤0.020	0.30~0.60	8.0~9.50	0.15~0.25	1.5~2.0	N 0.030~0.070 Nb 0.04~0.09 B 0.001~0.006	Al≤0.040 Ni≤0.40
X20CrMoV121	0.17~0.23	≤1.00	≤0.50	≤0.030	≤0.030	0.80~1.20	10.0~12.5	0.25~0.35		Ni 0.30~0.80	
T122	0.07~0.14	≤0.70	≤0.50	≤0.010	≤0.020	0.25~0.60	10.00~12.50	0.15~0.30	1.5~2.5	N 0.04~0.10 Nb 0.04~0.10 B Max~0.005	Al≤0.040 Ni≤0.50 Cu0.3~1.7
1Cr19Ni9	0.04~0.10	≤2.00	≤1.00	≤0.030	≤0.035		18.00~20.00			Ni 8.00~11.00	
1Cr19Ni11Nb	0.04~0.10	≤2.00	≤1.00	≤0.030	≤0.030		17.00~20.00			Ni 9.00~13.00	Nb+Ta≥8×C%~1.00
Super304H	0.07~0.13	≤1.00	≤0.30	≤0.030	≤0.045		17.00~19.00			Ni 7.5~10.5 Cu 2.5~3.5	Nb0.2~0.6 N 0.05~0.12

表 7-2　　　　　　　　　　锅炉受热面管子与蒸汽管道常用材料的力学性能

钢号	热处理制度	取样位置	R_M	R_e	A	A_{kV}	σ_{10^5}/MPa			$\sigma_{1\times10^{-5}}$/MPa		
			MPa		%	J						
20G	900~930℃正火	纵向 横向	419~549 ≥402	245 215	24 22	49① 39①	400℃ 128	450℃ 74	500℃ 39			
15MoG*	910~940℃正火	纵向 横向	450~ 600	270	22 20	35 27	450℃ 167②	500℃ 73②	520℃ 46②	450℃ 245②	500℃ 93②	520℃ 59②
15CrMoG	930~960℃正火 680~720℃回火	纵向 横向	440~ 640	235 225	21 20	35 27	500℃ 145	530℃ 91	550℃ 61			
12Cr1MoVG	980~1020℃正火 720~760℃回火	纵向 横向	470~640 ≥440	255 255	21 19	35 27	520℃ 157	560℃ 98	580℃ 78	520℃ 128	520℃ 78	550℃ 59
10CrMo910	正火 高温回火	纵向 横向	450~ 600	280	20 18	48③ 31④	500℃ 135	550℃ 68	580℃ 44	500℃ 103	550℃ 49	580℃ 30
12Cr2MoWVTiB*	1000~1035℃正火 760~790℃回火	纵向	540~ 735	≥ 345	≥ 18	35	550℃ 162	600℃ 82	630℃ 59	570℃ 140	600℃ 47	620℃ 48
T23	1050~1070℃正火 745~775℃回火		≥ 510	≥ 400	≥ 20	280						
T24	990~1010℃正火 735~765℃回火		≥ 585	≥ 450	≥ 20	370						
10Cr9Mo1VNb	1040~1060℃正火 770~790℃回火	纵向 横向	≥585	≥ 415	≥20	35 27	590℃ 112	620℃ 74	650℃ 44	590℃ 86③	610℃ 68③	620℃ 61③
T92	1040~1080℃正火 750~780℃回火		≥ 620	≥ 440	≥20							
X20CrMoV121	1020~1070℃正火 730~780℃回火	纵向 横向	690~ 840	490	17 14	34④	580℃ 82	600℃ 59	620℃ 42	580℃ 61	600℃ 43	620℃ 30
T122	≥1040℃正火淬火 ≥730℃回火		≥ 620	≥ 400	≥20							
1Cr19Ni9*	固溶处理		520	205	35		621℃ 79	649℃ 63	677℃ 48			
1Cr19Ni11Nb*	固溶处理		520	205	35		630℃ 100	670℃ 66	710℃ 43			
Super304H	固溶处理		≥ 515	≥ 205	≥35							
TP347HFG	固溶处理		≥ 550	≥ 205	≥35							

① 冲击韧性 α_k。

② 德国 15Mo3 钢管数据。

③ 德国 X10 CrMoVNb91 数据。

④ DVM 试样，德国 DIN50115 标准，U 形缺口，缺口深 3mm。

* 该钢的 A 为 $A_{11.3}$。

（一）壁温不大于 450℃的过热器管及壁温不大于 425℃的蒸汽管道

这些管道一般采用优质碳素结构钢，常用的是 20、20G 钢。20G 除基本性能与 20 钢相同外，还增加了对高温性能的要求。该类钢的塑性、韧性及焊接性良好，在 450℃以下具有足够的强度，在530℃以下具有满意的抗氧化性能，无回火脆性，但长期在450℃以上使用会发生珠光体的球化和石墨化，使钢的蠕变极限和持久强度降低。国外同类材料部分钢号有美国SA-210C、日本STB42、德国St45.8/Ⅲ钢等。

（二）壁温不大于550℃的过热器管及壁温不大于510℃的蒸汽管道

钼钢15Mo、16Mo是成分最简单的低合金热强钢。其热强性能、抗腐蚀性能和稳定性能都优于碳素钢，工艺性能与碳素钢相当。但在500～550℃下长期使用，其组织稳定性不佳，有珠光体球化和石墨化倾向，使钢的蠕变极限和持久强度降低。严重石墨化还会导致钢管的脆性断裂。此类原因限制了它在高压蒸汽管道上的应用，已被铬钼钢所取代。钼钢国外类似牌号有日本STBA12、STPA12，美国T1、P1，德国15Mo3钢等。

在钼钢的基础上加铬，发展了15CrMo铬钼钢。由于加入了铬元素，提高了碳化物的稳定性能，有效地阻止了石墨化倾向，并使钢的热强性能提高，而又不影响其他工艺性能。但铬钼钢会发生珠光体球化和合金元素再分配现象，从而导致材料热强性能下降。当温度超过550℃时，该类钢抗氧化性能变差，热强性能明显下降。铬钼钢国外类似钢号有日本STBA22、STBA23、STPA22、STPA23，美国T12、T11、P12、P11，德国13CrMo44钢等。

（三）壁温不大于580℃的过热器管及壁温不大于550℃的蒸汽管道

在此温度范围内的管道可选用低合金热强钢12Cr1MoVG、2.25Cr-1Mo钢等。

12Cr1MoVG钢具有较高的热强性能和持久塑性，580℃时表面能形成致密的氧化物保护膜，有足够的抗氧化性能、良好的焊接性能。该钢在高温下长期运行，会出现珠光体球化现象和合金元素的重新分配。轻度的球化对钢的持久强度影响不大，但完全球化的组织就会显著降低钢的热强性。国外类似牌号有俄罗斯的12Х1МФ钢。

铬钼钢中，当Mo的含量为1%、Cr的含量为2.25%时具有最佳的热强性能，即12Cr2MoG钢。2.25Cr-1Mo钢在美、日、英、德等国家早已广泛用作锅炉钢管和蒸汽管道。该类钢具有良好的加工工艺性能和较好的焊接性能，持久塑性好，该类钢的蠕变极限和持久强度比12Cr1MoVG钢稍低。因此，它们在相同参数下使用时，壁厚要比12Cr1MoVG钢的厚。该类钢的淬透性大，有一定的焊接冷裂倾向。国外类似钢号有日本STBA24、STPA24，美国T22、P22，德国10CrMo910钢。

（四）壁温不大于600℃的过热器管及再热器管

在此温度范围内使用的钢，我国研制成功的有12Cr2MoWVTiB钢（钢研102）此外，还有美国的T23（类似钢号有三菱住友生产的HCM2S钢）、T24。目前它多用于壁温不大于600℃的过热器管和再热器管，很少用于蒸汽管道。

12Cr2MoWVTiB钢具有良好的综合力学性能、工艺性能和抗氧化性能及良好的组织稳定性。在工作温度下长期运行后，钢管的组织和性能变化不大。12Cr2MoWVTiB钢的热强性对热处理工艺较为敏感，所以对热处理工艺控制要求严格。12Cr2MoWVTiB钢主要用于壁温不大于600℃的高压锅炉的过热器管、再热器管及其他耐热部件。

T23（HCM2S）是在T22钢的基础上，吸收了钢102的优点改进的。它在600℃时强度比T22钢高93%，与钢102相当。但由于含碳量低于钢102，所以其焊接性能和加工性能都优于钢102。

T24钢是在T22钢的基础上研发的钢种。与T22钢的化学成分比较，增加了V、Ti、B含量，减少了碳含量，于是焊接时热影响区的硬度随之降低。因此，提高了焊接接头的蠕变断裂强度。因为降低了碳含量，所以焊接性能良好。当壁厚小于或等于 8mm 时，焊后可不做热处理。

T23、T24 钢金相组织焊态下可得到贝氏体和马氏体。但如果在冷却速度极端缓慢的情况下，得到高温转变组织 F+P 时，材料的力学性能将被破坏，这是不希望的。

T23、T24 允许使用温度为 570℃。

在超临界和超超临界压力锅炉中，水冷壁的壁温有时候会达到 550℃。所以，T23、T24 钢将成为这类锅炉水冷壁的最佳选材。

（五）壁温不大于 650℃的过热器管及壁温不大于 620℃的蒸汽管道

当锅炉汽温提高到 570℃时，高温段过热器的壁温可达 620℃或更高。这时低合金耐热钢已经不能满足要求，需要采用高合金耐热钢。马氏体耐热钢得到了较快的发展和应用，有些还采用了铁素体耐热钢，甚至用了奥氏体耐热钢。

这几年我国火电厂已向大型机组发展，新建或扩建的火电厂单机容量均是 300、600MW，甚至已引进了单机容量 1000MW 的大机组。对于这些亚临界参数、超临界、超超临界参数的机组，其锅炉受热面管道均采用含铬量较高的耐热钢来制造，如 12%铬型、9Cr-1Mo 型、9Cr-2Mo 型钢等。

X20CrMoV121（F12）、X20CrMoWV121（F11）钢是德国的 12%铬型马氏体耐热钢，由于钢中添加了 Mo、V、W 等合金元素，使钢具有较高的抗氧化性能、抗蚀性能，组织稳定性能良好，但工艺性能和焊接性能较差。F11 钢已经很少生产了。F12 钢主要用于壁温在 540～560℃的联箱、蒸汽管道以及壁温达 610℃的过热器管和壁温达 650℃的再热器管。

9Cr-1Mo 型马氏体耐热钢与 12%铬型钢一样，其合金元素介于珠光体钢与奥氏体钢之间，具有高的抗氧化性能、抗蚀性能以及高温强度焊接性能差。一般用于壁温不大于 650℃的过热器管、再热器管及蒸汽管道等。属于这一类型的在我国单机容量 300MW 以上大机组上应用的钢种有美国的 T9、P9 钢，日本的 STBA26、STPA26 钢，德国的 X12CrMo91 钢以及瑞典的 HT7 钢。

日本的 HCM9M 属 9Cr-2Mo 型铁素体钢，是在 9Cr-1Mo 型钢的基础上发展起来的。该钢具有较高的抗氧化和抗高温蒸汽腐蚀的性能，在高温和压力作用下不易发生应力腐蚀开裂。该钢还具有较高的热强性和组织稳定性，用于壁温不大于 620℃的亚临界参数、超临界参数锅炉过热器管、再热器管、联箱和导汽管等。

美国 T91、P91 钢属改良型 9Cr-1Mo 高强度马氏体耐热钢，这种高强度马氏体耐热钢是美国首先研制的。我国也已研制成功 10Cr9Mo1VNb 钢，该钢已纳入 GB 5310 标准。该钢通过降低碳含量，添加合金元素 V 和 Nb，控制钢中 N 和 Al 的含量，使钢具有高的抗氧化性能和抗蚀性能，而且具有高的冲击韧性和高而稳定的持久塑性和热强性能。此外，该钢的线膨胀系数小、导热性能好。这类钢主要用于亚临界参数、超临界参数锅炉中壁温不大于 625℃的高温过热器管、壁温不大于 650℃的高温再热器管，以及用于壁温不大于 600℃的集箱和蒸汽管道等。同时 T91、P91 钢是代替 T22、P22、X20CrMoV121、12Cr1MoV 钢的理想材料，又是用于改造现役机组高温部件的最有前途的替换材料，T91 可部分地代替 TP304H 用于制造锅炉过热器管、再热器管，且有明显的经济效益。类似美国 T91、P91 的钢种有德国的 X10CrMoVNb91，日本的火 STBA28、火 STPA28 钢等。

日本为解决调峰机组管材的疲劳失效问题，开发了新的大机组锅炉用钢。

　　日本在 T91 钢的基础上通过减少 Mo、增加 W 含量，并控制 B 含量而得到铁素体耐热钢 NF616 钢。美国相同的钢号有 T92。该类钢的常温力学性能与 T91 相当，焊接性能比 T91 有所改善。但 600～650℃ 的蠕变强度有很大提高。600℃ 时，其许用应力比 T91 高 34%。强度是 SUS347H（相当于 TP347H）的 1.12 倍。所以，T92 钢有望在大型锅炉再热器、过热器高温段代替 TP304H、TP347H 钢。

　　日本在 X20CrMoV121（F12）钢的基础上，添加 2%W、0.07%Nb 和 1%Cu 研制成功 HCM12A 钢。该钢具有比 X20CrMoV121（F12）钢高得多的热强性和耐蚀性，尤其 HCM12A 钢含碳量降低，焊接性能比 F12 钢进一步得到改善。美国的类似钢种牌号是 T122。HCM12A 钢主要适用于制造 620℃ 以下的主蒸汽管道。

　　（六）壁温不小于 650℃ 的过热器管及壁温不小于 600℃ 的蒸汽管道

　　这时需要使用奥氏体耐热钢，常用的有 1Cr19Ni9、0Cr19Ni9、1Cr19Ni11Nb、0Cr17Ni12Mo2、0Cr18Ni11Ti、1Mn17Cr7MoVNbBZr 钢等。奥氏体耐热钢具有很高的热强性能与抗氧化性能，高的耐腐蚀性能，焊接性能良好，但价格昂贵，而且在高温下长期运行容易产生晶间腐蚀、蒸汽侧氧化剥落。此外，奥氏体耐热钢还存在导热性低、线膨胀系数大及异种钢焊接等问题。

　　类似于 1Cr19Ni9 和 0Cr19Ni9 钢的钢号有美国的 TP304、TP304H 钢，日本的 SUS304TB、SUS304TP 钢等。1Cr19Ni9 钢的最高使用温度可达 650℃。1Cr19Ni11Nb 钢的最高使用温度为 650℃，与之类似的钢号有美国的 TP347、TP347H 钢，日本的 SUS347TB、SUS347TP 钢等。0Cr17Ni12Mo2 钢是各国通用的奥氏体不锈耐热钢，该钢在酸、碱、盐中的耐蚀性显著提高，在海水和其他介质中，耐蚀性比 0Cr19Ni9 钢好。该钢在高温下具有良好的蠕变强度、冷变形和焊接性能，与该钢类似的钢号有美国的 TP316、TP316H，日本的 SUS316TB、SUS316TP 钢等。0Cr18Ni11Ti 钢是用钛稳定的铬镍奥氏体热强钢，与 1Cr18Ni9Ti 钢相比，含有较多的镍，因此组织较为稳定，并具有较好的热强性和持久塑性。与之类似的钢号有美国的 TP321H 钢，日本的 SUS321TB、SUS321TP 钢，俄罗斯的 12X18H12T 钢等。上述这些钢常用于大型锅炉过热器管、再热器管、蒸汽管道等，用于锅炉管道时允许的抗氧化温度为 705℃。

　　1Mn17Cr7MoVNbBZr 钢是锰-铬型奥氏体热强钢，具有较高的热强性和组织稳定性，良好的抗氧化性和焊接性，用于工作温度为 620～680℃ 的锅炉过热器管道、再热器管道、蒸汽管道与集箱等。

　　上述传统的奥氏体不锈钢，存在一些未解决的问题，如高温强度稳定但强度低，蒸汽侧氧化皮易脱落，造成小管径弯头堵塞。为此，又开发出新型的奥氏体耐热钢，如 Super304H、TP347HFG 钢等。

　　Super304H 是 TP304H 的改进型，添加了 3%Cu 和 0.4%Nb，由此获得了极高的蠕变断裂强度，在 600～650℃ 下的许用应力比 TP304H 高 30%。主要由于此温度下富铜相、NbCrN、Nb（C，N）和碳化物的析出强化作用所致。高温长期运行后，组织和力学性能稳定。而且价格便宜，是超超临界锅炉过热器、再热器的首选材料。

　　TP347HFG 钢是细晶奥氏体热强钢。其成分和 TP347H 一样，但通过特定的热加工和热处理工艺使晶粒细化到 8 级以上，大大提高了材料的抗蒸汽氧化能力，该钢比 TP347H 粗晶钢的许用应力高 20% 以上。具有比 TP347H 钢更优良的抗疲劳和抗蠕变-疲劳性能。在许多超临界机组上得到了大量应用。

三、锅炉受热面管常见事故分析

锅炉受热面管在高温、应力及水汽介质作用下长期工作。在运行过程中，管子可能由于材质本身缺陷、运行工况恶劣、煤质不良、超温、水处理不佳等原因，使材料不能抵抗其承受的负荷，会发生各种不同形式的损坏而造成事故。

下面介绍火电厂锅炉受热面管子常见事故。

（一）超温爆管

1. 长时超温爆管

火电厂中各种锅炉钢管都有规定的使用温度范围，即有一个允许的最高使用温度。允许的最高使用温度称为管子额定温度。习惯上常把火电厂规定的额定运行温度作为管子的额定温度，有时规定的额定运行温度比材料允许的最高使用温度低很多。所谓超温，就是金属材料超过额定温度运行。有时超温的温度远低于管子的最高使用温度，我们仍称之为超温。长时超温爆管（也叫长时过热爆管）是指在超温幅度不太大的情况下，管子金属在长时间的应力作用下发生蠕变，直到破裂。

长时超温爆管一般发生在过热器管上，特别是高温过热器出口段的外圈向火侧。

长时超温爆管的破口呈粗糙脆性断口，管壁减薄不多，管径胀粗不显著。胀粗情况随钢号不同而不同，20钢可达到9％，12Cr1MoV钢则5％，向火侧胀粗多于背火侧。一般爆口较小，呈鼓包状；爆口边缘粗糙不平整，爆口周围外壁有较多纵向裂纹，并有较厚的氧化皮。

长时过热爆管的超温水平不超过钢的 A_{c1} 点，因而无相变，但会发生珠光体的球化、碳化物析出并聚集长大，以及固溶体中合金元素的贫化等组织变化，这些不良的组织变化使蠕变速度加快，持久强度下降，最后在最薄弱部位发生爆管。这种由于蠕变而发生的损坏也称为一般性蠕变损坏。

图7-1为某锅炉由于炉膛内火焰中心偏斜，致使局部过热器管长时间过热而爆破的破口形貌及显微组织照片。由图7-1（b）可以看出，由于长时间过热，破口边缘组织（铁素体和沿晶界分布的颗粒状碳化物）已发生明显的球化现象。

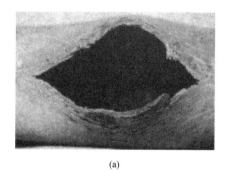
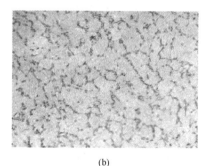

(a)　　　　　　　　　　　　　(b)

图7-1　长时过超温管的破口形貌及显微组织

（a）破口形貌；（b）破口边缘显微组织

管子在高温运行时所受的应力主要是由过热蒸汽压力所造成的对管子的切向应力。在这种应力作用下，管道在正常温度下运行时，管道发生正常径向蠕变。当管子长期超温时，应力没有变，但蠕变速度加快，随着运行时间的增加，管径越来越大，慢慢地在晶间产生蠕变裂纹，晶间裂纹继续积聚并扩大成为宏观轴向裂纹，最后造成开裂爆口。组织的球化程度严重也加速了蠕变，促进了裂纹的形成。弯弯曲曲的晶间裂纹使最终的破口呈现粗糙不平整、边缘是钝边的形貌。

运行中造成过热器管超温的原因如下：

（1）锅炉启动升火时，操作不当，如投入主燃烧器较多，在蒸汽流尚小时，易造成过热器管壁超温。

（2）运行中，蒸汽温度过高，使过热器管壁温度升高。

（3）过热器管排汽量过小。

（4）炉膛结焦，燃烧器调节不当。

（5）运行中火焰中心上移，导致部分过热器管管壁热负荷过高等。

2. 短时超温爆管

管子短时间内在应力和超温温度（高于 A_{c1} 温度）下运行引起的损坏称为短时超温爆管。短时超温爆管一般发生在锅炉内直接与火焰接触、接受辐射热的部分，如水冷壁上。有时则是锅炉运行极不正常时，在高压锅炉的辐射式或半辐射式屏式过热器上发生。

短时超温爆管破口宏观特征为韧性断口，管径明显胀粗，管壁减薄，一般爆口较大，呈喇叭状。爆口边缘薄而锋利，爆口附近有时有氧化层，有时没有。

由于管内介质对灼热管壁的冷却作用，短时超温爆管有相变发生，能观察到不同程度的相变组织，如低碳马氏体、贝氏体以及被拉长的铁素体和珠光体等；有时有一定的珠光体球化现象。图 7-2（a）为某锅炉由于启动方式不当，造成双面水冷壁管短期超温至 A_{c3} 以上而爆破的形貌。图 7-2（b）为破口边缘组织（为低碳马氏体）。

锅炉受热面管子在运行中，由于某种原因（如异物堵塞管子）造成冷却条件恶化，使部分管壁温度在短期内突然上升，以致达到临界点以上的温度。在这样高的温度下，钢的组织会部分或全部奥氏体化，因而强度下降而

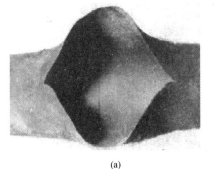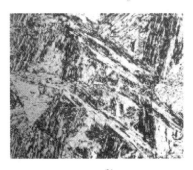

(a)　　　　　　　　　　　　　(b)

图 7-2　15CrMo 双面水冷壁管短时超温爆破的破口形貌及组织
(a) 双面水冷壁管爆破形貌；(b) 破口边缘组织

塑性增加，管子发生大量塑性变形，管径胀粗，管壁变薄，当承受不了管内介质压力时便发生爆破。

造成短时超温的原因如下：

（1）管子堵塞。如焊接时会有大的焊瘤产生，如果掉下异物，便造成堵塞；管子结垢较严重时，会影响管子传热，管子接受的辐射热量来不及带走，就会引起短时超温爆管。

（2）锅炉的结构布置不合理。要保证正常水循环，上、下联箱间的压差应大于水冷壁管内水汽混合物液柱的重量，防止上升管上部出现"自由水面"，因为自由水面上部的管子会

发生短时大幅度超温。沸腾管不应水平放置，防止汽水分层，对高压锅炉其倾斜角不应小于30°，对于中压锅炉不应小于15°。

（3）运行中未维持良好的汽水循环。

（4）燃烧室工况不稳定，火焰中心偏移。

（5）汽包缺水。

当应力一定时，工作温度 T 和断裂时间 τ 之间的关系可用拉尔森-米列尔（Larson-Miller）方程式来描述

$$T（C+\lg\tau）=常数$$

式中　C——常数，对于许多钢种可取 $C=20$，这样产生的误差在 10% 以内。

利用这一方程式可以估计金属在不同温度下的使用寿命。例如，主蒸汽管道采用12Cr1MoV 钢，额定运行温度为 540℃，设计运行时间为 10^5h，若超温 10℃，即在 550℃下运行，则其寿命可按拉尔森-米列尔方程式估算为

$$T_1（C+\lg\tau_1）=T_2（C+\lg\tau_2）$$

代入 $T_1=540+273=813(K)$，$\tau_1=10^5$h，$T_2=550+273=823(K)$，$C=20$，则 $\tau_2=4.97\times10^4$h。

可见，超温 10℃，工作寿命减少一半以上，即超温 10℃运行 1h，就等于在额定温度下运行 2h。超温幅度越大，其工作寿命缩短得就越多，所以超温运行就等于缩短工作寿命。

（二）材质不良爆管

材质不良爆管是指错用钢材或使用了有缺陷的钢材造成管子提前破坏。

错用钢材爆管是将性能比较低的材料用到高参数的工况下，实际上是一种超温运行。一旦发生爆管，就属于长时超温爆管。其爆破口的宏观特征和微观组织的变化基本上与长时超温爆管相同。例如 20 钢错用于蒸汽参数为 510℃的蒸汽母管上，在运行三个月后发生裂纹。因为 20 钢用作主蒸汽管时，其额定温度为 450℃。若错用于 510℃时，则可用拉尔森-米列尔公式计算出其断裂时间，结果与实际比较接近。

安装和检修时使用了有裂纹、折叠、严重夹杂物、严重脱碳等缺陷的管子，在高温运行过程中，这些有缺陷的部位易产生应力集中，同时介质也可能侵入缺陷区使腐蚀速度加快，缺陷的存在严重地削弱管子的强度，使受热面管子不能承受介质的压力而爆破。

有缺陷的管子爆破时，破口大而且是沿着缺陷方向裂开，破口整齐平直，破口处壁厚减薄不多。断口由两部分组成：近缺陷处为脆性断口，其余为韧性断口。图 7-3 为某亚临界参数直流燃油锅炉运行 1718h 后，由于水

图 7-3　20 钢因材质缺陷而爆破的形貌

冷壁管内壁存在裂纹而爆破，破口粗钝，呈脆性断裂，材料金相组织正常。

（三）腐蚀性热疲劳损坏

在腐蚀介质长期作用和温度循环变化下所产生的损坏称为腐蚀性热疲劳损坏。锅炉受热面管汽水分层、省煤器管汽塞、过热器管带水等都会引起温度波动，从而造成交变的热应力，因而在管子应力集中较大的表面处产生疲劳裂纹，而腐蚀介质又加速了裂纹的产生与扩

展，最后导致管子的破坏。

锅炉给水质量不良、启停或负荷变动频繁是引起腐蚀性热疲劳损坏的主要原因。

腐蚀性热疲劳破坏的宏观特征为**脆性断口**，开裂处管子无明显胀粗和管壁减薄现象。管子内外壁通常有较厚的氧化皮。破口不大，呈缝隙状。零件表面有大量的裂纹，一种是密集的、相互平行的直线型丛状裂纹，这种裂纹一般在锅炉各种受热面管子和减温器中出现；另一种是网状裂纹，出现在主蒸汽管、汽包上，有时在锅炉受热面管子中也出现这种龟裂。图7-4为某屏式过热器连接联箱的管座出现的腐蚀性热疲劳破坏的形貌。图7-4（a）为断口形貌，断口呈贝壳纹，有黑色腐蚀产物。图7-4（b）为管座内壁存在螺纹状加工纹路，

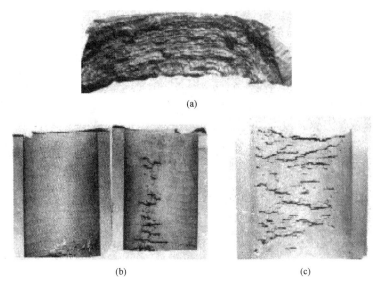

图 7-4　12Cr1MoV 接管座腐蚀性热疲劳的形貌
(a) 断口形貌；(b) 管座内壁加工纹路及开裂源点；
(c) 内壁数条裂纹连通形成较大裂纹形貌

纹路处应力集中成为开裂的源点。图7-4（c）为内壁存在的许多小裂纹，数条小裂纹连通后形成较大的裂纹形貌。

（四）腐蚀损坏

锅炉管子在运行中会受到多种形式的腐蚀（见第三章第八节），同样会引起管子损坏。图7-5为20钢由于氢脆而损坏的破口形貌。图7-6为12Cr1MoV钢高温段过热器高温硫腐蚀形貌。

图 7-5　20 钢氢脆损坏的破口形貌

图 7-6　12 Cr1MoV钢高温段
过热器高温硫腐蚀形貌

（五）过热器和再热器内壁氧化皮早期剥落

超临界机组和超超临界机组会因氧化皮早期脱落造成堵管发生过热器、再热器爆管事故。

金属管材在高温高压情况下，会在内壁形成氧化膜。长时间运行后，氧化膜会变厚。由

于氧化膜与钢管基体的热膨胀系数的差异比较大，当温度变化时会产生大的热应力造成氧化皮的剥落。这样，在锅炉停止运行时，可能发生剥落的氧化皮在管道的下弯头部位堆积，堵塞管道而导致爆管。图 7-7 所示为氧化皮堵塞管道形貌。图 7-8 所示为尚未从管壁脱落但已开裂的原生氧化层形貌。

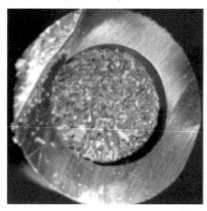

图 7-7　氧化皮堵塞管道形貌　　　　图 7-8　尚未从管壁脱落但已开裂的原生氧化层形貌

18-8 系列粗晶奥氏体不锈钢蒸汽侧氧化皮的剥落倾向比铁素体钢大，原因就在于奥氏体不锈钢的热膨胀系数要比铁素体钢的大。温度变化的幅度和速度对氧化皮剥落倾向的影响很大，所以出现氧化皮堵塞现象常发生在机组启停时候。

锅炉管内壁氧化皮被称为原生氧化层，它一般分三层，最靠近蒸汽侧的外层结构致密但厚度不均。该层由 Fe_2O_3 构成，中间层结构相对疏松、多孔，成分是 Fe_3O_4，靠近金属基体侧的内层是由致密的富 Cr 氧化物构成。Fe_2O_3 氧化物呈断续状嵌入于 Fe_3O_4 中间层中。剥落部分是从中间层疏松的 Fe_3O_4 区与内层间开始剥落。氧化皮的内层氧化物一般不剥落。原生氧化皮剥落后其剥落部位在后续运行过程中不会再生长出新的 Fe_3O_4 类氧化物，但会逐渐生长出新的 Fe_2O_3 层，该次生 Fe_2O_3 层生长速度十分缓慢。这就意味着，原生氧化层剥落后，很长时间不会再发生氧化层剥落现象。

管壁温度与压力、管材的化学成分、金属晶粒度、表面状态等对不锈钢蒸汽侧氧化皮的生长速度有影响。氧化皮只有厚度达到一定值后才会剥落。这个厚度值取决于运行状况、管壁的温度变化速度。速度大，这个厚度值就减小。管内剥落的氧化皮堆积和堵塞程度与管排的具体结构形式、管子的内径以及 U 形弯的弯曲半径和布置方式等都有很大的关系，通常管子内径越小、U 形弯弯曲半径越小，则堆积和堵塞程度越严重。

防止 18-8 系列粗晶不锈钢管蒸汽侧氧化皮发生大面积剥落的措施为：首先避免超温就可以减缓蒸汽侧氧化皮的生长速度；其次是改变蒸汽侧氧化皮的剥落方式，让一部分相对较薄的氧化皮在调峰运行过程中就以很小的尺寸陆续从管壁表面剥落并被蒸汽流带走，或者让那些相对很厚的氧化皮在停炉时只发生局部少量剥落而不至于引起堵塞爆管。

启炉时利用旁路进行蒸汽吹扫，可有效清除掉大部分管内的氧化皮剥落物。为此，检修时注意过热器和再热器系统疏水的排放，保持管内剥落氧化皮在停炉期间始终处于干燥松散的状态，以利于蒸汽吹扫。检修时使用专门的磁性无损检测设备检测奥氏体钢弯头部位氧化皮剥落物数量，及时割管清理，可有效消除因剥落氧化皮堆积堵塞所造成的启炉后过热爆管隐患。

第二节　锅炉汽包用钢

汽包是锅炉中关键的承压部件之一。汽包的作用是接纳省煤器给水并进行汽水分离；向循环回路供水和向过热器输送饱和蒸汽；除去盐分获得良好的蒸汽品质；负荷变化时起蓄热和蓄水的作用。由于汽包体积庞大而且厚重，一旦产生问题，在现场修复难度很大。如果汽包发生爆炸，对火电厂将是灾难性的事故。因此，对汽包的设计、制造、安装和运行各个环节都必须给予高度重视，做到万无一失。

一、汽包的工作条件和对材料的性能要求

汽包在一定的温度（350℃以下）和高压下工作，并承受汽、水介质的腐蚀作用；锅炉启停时，汽包的上下壁和内外壁会由于温差导致很大的热应力。汽包上有很多管孔，这些部位存在应力集中，在热应力作用下，可在这些部位产生低周疲劳。汽包由钢板卷成圆筒，两头加上封头焊接而成，在制造过程中要经过各种冷、热加工，如下料、卷板、焊接、热处理等多道复杂工艺。因此，对汽包钢板提出如下要求：

（1）较高的常温强度和中温强度。由于工作温度在中温，压力高，所以要求钢板的强度要高。强度高，汽包壁厚就可减小，这对于制造、安装、运行都有好处。一般的中、低压锅炉汽包采用屈服强度为 $250\sim350$ MPa 级别的钢种，高压以上的采用 400MPa 或更高强度级别的钢种。从制造工艺性能和材料的低周疲劳特性等安全因素考虑，屈强比（R_e/R_m）太高的钢不宜选用。

（2）良好的塑性、韧性和冷弯性能。良好的塑性、韧性和冷弯性能，使汽包在加工过程中不易出现裂纹。

（3）较低的缺口敏感性。汽包制造中要在钢板上开管孔和焊接管接头，容易导致应力集中，所以要求钢板的缺口敏感性要低。

（4）焊接性能好。

（5）要求冶金质量好。

钢的纯洁度对汽包钢板，特别是特厚板的脆性转变温度有很大影响。因此，要求钢的 P、S 等杂质含量和气体含量尽量低。此外，非金属夹杂、气孔、疏松、分层尽量少，不允许存在裂纹和白点。

二、汽包用钢

汽包用钢分为优质碳素钢和低合金结构钢两大类。

常用汽包用钢的化学成分及用途见表 7-3。

1.20g 钢

该钢的塑性、韧性和焊接性能较好，强度不高，所以用该钢制造的汽包壁较厚。20g 钢强度级别是 245MPa。该钢板以热轧状态供货，必要时可进行 $890\sim920$℃正火处理。该钢应用于低、中压锅炉汽包。

2.12Mng、16Mng 钢

该类钢属于低合金结构钢。12Mng 钢强度级别为 294MPa，具有良好的塑性、韧性和焊接性能，在热轧和正火状态下的性能可以满足制造低、中压锅炉的技术要求。12Mng 钢代替 20g 钢时，可以减少钢材约 17%。

表 7-3   常用汽包用钢的化学成分及用途

钢号	化 学 成 分 /%									用途
	C	Mn	Si	S	P	Mo	Ni	Cr	其他	
20g	≤0.20	0.50~0.90	0.15~0.30	≤0.035	≤0.035					低压、中压锅炉
22Mng	≤0.30	0.90~1.50	0.15~0.40	≤0.025	≤0.025					
12Mng	≤0.16	1.10~1.50	0.20~0.60	≤0.035	≤0.035					工作压力不大于 5.9MPa 的低压、中压锅炉
16Mng	≤0.20	1.20~1.60	0.20~0.55	≤0.030	≤0.035					低压、中压、高压锅炉
19Mn6[①]	0.15~0.22	1.00~1.60	0.30~0.60	≤0.030	≤0.035	≤0.01	≤0.03	≤0.25	V≤0.03 Ti≤0.05 Nb≤0.01 Cu≤0.30 Al>0.020	低压、中压、高压锅炉
19Mn5	0.17~0.22	1.00~1.30	0.30~0.60	≤0.040	≤0.040		≤0.30			
A299	≤0.30	0.84~1.62	0.13~0.45	≤0.040	≤0.035					高压、超高压、亚临界压力锅炉
15MnVg	0.10~0.18	1.20~1.60	0.20~0.60	≤0.035	≤0.035				V0.04~0.12	中、高压锅炉
14MnMoVg	0.10~0.18	1.20~1.60	0.20~0.50	≤0.035	≤0.035	0.40~0.65			V0.05~0.15	高压、超高压锅炉
18MnMoNbg	0.17~0.23	1.35~1.65	0.17~0.37	≤0.035	≤0.035	0.45~0.65			Nb0.025~0.050	
BHW35	≤0.15	1.00~1.60	0.10~0.50	≤0.025	≤0.025	0.20~0.40	0.60~1.0	0.20~0.40	Nb~0.01	高压、超高压、亚临界压力锅炉
13MnNiCrMoNbg	≤0.15	1.00~1.60	0.10~0.50	≤0.025	≤0.025	0.20~0.40	0.60~1.00	0.20~0.40	Nb0.005~0.020	

注 Cr、Ni、Mo、V、Ti、Nb 这些极限值按专门的协议验证；Cu、Cr、Ni、Mo 含量的总和不得大于 0.70%。

16Mng 钢的强度级别为 343MPa。它具有良好的综合力学性能、工艺性能和焊接性能，经正火处理后可显著提高韧性，并降低脆性转变温度。该钢的缺口敏感性比碳钢大，疲劳强度较低。

一般情况下，该类钢板在热轧状态下交货，必要时进行 900~920℃ 正火处理，应用于低、中压锅炉汽包，16Mng 钢也可用于高压锅炉汽包。

3. 19Mn5、19Mn6 钢

19Mn5、19Mn6 钢为德国（DIN）钢种，属于细晶粒低合金钢，屈服强度级别为 314MPa。该类钢具有良好的综合力学性能、焊接性能和工艺性能，断裂韧性和抗低周疲劳性能较好，500℃ 以下的高温力学性能优于碳素钢，在我国主要用于代替 22Mng、16Mng 钢。

4. A299 钢

A299 钢属于 C-Mn-Si 系列的美国（ASME）钢种，屈服强度级别为 295MPa。该钢具有良好的综合力学性能和各种冷热加工性能，焊接性能良好；钢板曾发现有分层现象，如不含太多的 MnS 夹杂，层状撕裂敏感性也不高；脆性转变温度低于 -30℃。该钢的化学成分

和屈服强度级别与 19Mn5、19Mn6 钢相似，但含碳量更高，其抗低周疲劳性能略低于
19Mn5 钢，在加工中发现气割裂纹敏感性较大，应引起注意。A299 钢主要用于高压、超高
压、亚临界锅炉汽包。

5.15MnVg 钢

该钢是在 16Mng 钢的基础上，调整碳含量并加入 0.04%～0.12%V 而形成的 C-Mn-V
系低合金结构钢，屈服强度级别为 392 MPa。该钢在热轧状态下具有良好的综合力学性能及
焊接性能，但缺口敏感性较大，主要用于中、高压锅炉汽包。

6.14MnMoVg、18MnMoNbg 钢

14 MnMoVg、18MnMoNbg 钢的屈服强度级别为 490MPa，由于加入少量的钒、铌，
热强性能得到提高。14MnMoVg 钢具有强度高、工艺性能较好等优点，但使用性能有时不
稳定，特别在板厚不小于 85mm 时，强度有时偏低，冲击韧性往往达不到设计要求。
14MnMoVg 钢使用温度范围为－20～500℃。18MnMoNbg 钢强度高，工艺性能和焊接性能
好，但在正火加回火状态下力学性能不太稳定，常出现强度、塑性、韧性不能同时满足技术
条件要求的情况。18 MnMoNbg 钢的使用温度范围为 0～520℃。这两种钢都有产生白点的
倾向，生产中应注意防止。14MnMoVg、18MnMoNbg 钢用于制造高压、超高压锅炉汽包。

7. BHW35 钢

BHW35 钢是德国研制的钢种，屈服强度级别为 392MPa。该钢合金元素设计合理，钢
的组织稳定，具有良好的综合力学性能和工艺性能，焊接性能良好。该钢在正火加高温回火
状态下使用，组织为回火贝氏体加铁素体，因此也称该钢为低合金贝氏体钢。我国研制成功
的 13 MnNiCrMoNb 钢是将 BHW35 钢的含铌量进行适当调整而成的钢种，其综合性能和工
艺性能均已达到 BHW35 钢的水平。BHW35、13MnNiCrMoNb 钢用于高压、超高压、亚临
界压力锅炉的汽包。

表 7-4 为国内外锅炉汽包常用钢种对照。低合金高强度结构钢的新牌号（GB/T 1591—
2018）与旧牌号对照见表 3-8。

表 7-4　　　　　　　　　　　　　国内外锅炉汽包常用钢种对照

中国 GB	日本 JIS	俄罗斯 ГОСТ	美国 ASTM	英国 BS	德国 DIN	法国 NF
15g	SB35	15K	A285Gr·A	1633，Gr·A	St35.8，HⅠ	
20g	SB42	20K	A30，A285Gr·B，A414Gr·B	1633，Gr·B	St45.8，HⅡ	A42C
22g	SB46	22K	A285Gr·C，A414Gr·C		HⅢ	A48C
12Mng	SV41	10Г			13Mn6，10Mn4	12MF₄
16Mng	SPV36	16ГС	A678Gr·A		17Mn4	
15MnVg			A225Gr·B		19Mn6	
	～SGV49		Λ299		～17Mn4	
14MnMoVg			～A302Gr·B		～17MnMoV64	
13MnNiCrMoNb					BHW35（梯森钢厂）	

第三节　锅炉受热面吊挂和吹灰器用钢

一、锅炉受热面吊挂和吹灰器的工作条件

锅炉受热面吊挂直接与火焰或烟气相接触，且没有冷却介质冷却，故其工作温度很高，在炉膛和前部烟道的吊挂和夹马的工作温度达 1000℃，而在对流加热部分也接近 750℃。由于其主要是固定受热面，因此所受载荷不大。

锅炉中沉淀于受热面的细灰如不及时清除，就会影响热量传递，以致降低锅炉效率。因此在锅炉设备中的燃烧室、水冷壁、过热器、省煤器、空气预热器等部件中均有吹灰装置，也称吹灰器。吹灰器是利用蒸汽对锅炉管子受热面作定时短暂吹扫的组件。吹灰器平时守在温度较低的炉墙保护套中，吹灰时伸入炉膛和烟道，将黏附在受热面上的烟灰吹落，吹灰完毕后，又缩回保护套中。它的工作特点是工作温度高，但工作时间短，一般 3～5min。其工作温度根据所处区域不同而不同。如在燃烧室工作，温度为 900～1000℃；在高温省煤器和空气预热器区温度为 500～550℃；低温省煤器和低温空气预热器区的吹灰器工作温度小于450℃。

二、对锅炉受热面吊挂和吹灰器用钢的性能要求

对于受热面吊挂用钢，要求具有较高的抗氧化性能，一定的热强性能，较好的抗蚀性能和工艺性能。

对于吹灰器用钢，要求具有高的抗氧化性能，良好的抗蚀性能和小的热脆性。

三、常用的锅炉受热面吊挂和吹灰器用钢

由于布置在不同部位的吊挂和吹灰器的工作温度不同，所以选择不同的材料。高温时常用的材料主要有铁素体耐热钢、奥氏体耐热钢、马氏体耐热钢；当温度小于 450℃时应尽量选用低合金钢、碳钢和耐热铸铁等材料。如 20 钢表面渗铝或渗铬后可具有较好的抗氧化性，能满足在这个温度范围内使用。

1. 1Cr5Mo 钢

1Cr5Mo 钢属马氏体型耐热钢，其热强性能不高，在 550℃下，在含硫的氧化性气氛中，具有良好的耐热性和耐蚀性能；冷热加工性能良好，但焊接性能差，焊后应缓冷，并经550℃高温回火，用来改变焊缝性能。该钢一般用于工作温度不大于 650℃的锅炉吊挂等耐热部件。国外类似钢号有美国的 T5、日本的 STBA25、德国的 12CrMo195、俄罗斯的12X5M 钢等。

2. 1Cr6Si2Mo 钢

该钢属于马氏体型耐热钢，在 800℃有较好的抗氧化性能。与 1Cr5Mo 钢相比，含硅量增加 1.5%，所以耐热温度提高到 800℃左右，但含硅量的提高，却使钢的回火脆性增加，使零件在高温下长时间工作时易产生脆性破断。该钢在含硫的氧化性气氛中抗腐蚀性能很好。经过正火、回火后有较高的持久强度和蠕变强度，但焊接性能差。其用于工作温度小于700℃的锅炉吊挂、省煤器管夹等耐热件。国外类似钢号有美国的 T5b、俄罗斯的 X6CM钢等。

3. 4Cr9Si2 钢

该钢属于马氏体型耐热钢。该钢在 800℃以下具有良好的抗氧化性能，在空气中最高抗

氧化温度可高达 850℃，低于 650℃ 有较高的热强性能，但焊接性能差。该钢用于工作温度低于 800℃ 的高温过热器吊挂等。国外类似的钢号有日本的 SUH1、俄罗斯的 40X9C2 钢等。

4. 1Cr25Ti 钢

该钢属于铁素体型高铬不锈钢。该钢具有良好的抗晶间腐蚀性，在 1000～1100℃ 不起皮，具有良好的抗氧化性能，塑性、韧性良好，但该钢有高温脆化倾向，长期运行后韧性很快下降，因此运行中不宜受冲击载荷，焊接性能一般。该钢用于工作温度不大于 1000℃ 的锅炉吊挂及吹灰器。国外类似的钢号有日本的 SUH446、俄罗斯的 15X25T 钢等。

5. 1Cr20Ni14Si2 钢

该钢属于 Cr-Ni 奥氏体型耐热钢，由于铬、镍元素的含量都较高，所以具有良好的高温强度和抗氧化性能。1Cr20Ni14Si2 钢的最高抗氧化温度达到 1050℃，对硫气氛较为敏感，焊接性能良好，用于含硫气氛较低的耐高温构件，如过热器吊挂、夹马、吹灰器上的定位件和喷嘴等。国外类似牌号有德国的 X20CrNiSi2012、俄罗斯的 20X20H14C2 钢等。

6. 2Cr20Mn9Ni2Si2N（101）钢

该钢属于 Cr-Mn-Ni-N 型奥氏体耐热不起皮钢。该钢具有较好的高温强度和高温塑性；由于钢中含有一定量的镍，使钢在高温时效后仍然具有较高的冲击韧性；抗氧化性能比铬镍奥氏体钢差，但仍能满足 900～1050℃ 炉用材料的要求。该钢的焊接性能较好，焊接裂纹的敏感性小，焊前不必预热，也不用进行焊后热处理；有冷加工硬化倾向。用于工作温度不大于 1000℃ 的锅炉过热器吊挂、定位板，也可以做耐热铸钢使用。

7. 3Cr18Mn12Si2N

该钢属于 Cr-Mn-N 型奥氏体耐热不起皮钢。该钢的室温和高温性能高于 1Cr20Ni14Si2 钢，但抗氧化性能低于 1Cr20Ni14Si2 钢，能满足锅炉吊挂零件的工作要求；抗硫腐蚀和抗渗碳性能较好；焊接性能好，焊前不必预热，也不用进行焊后热处理。该钢用于工作温度不大于 900℃ 的锅炉过热器、省煤器吊挂及夹马等。

8. 2Mn18Al5SiMoTi 钢

2Mn18Al5SiMoTi 钢是一种 Fe-Al-Mn 系双相（奥氏体-铁素体）耐热钢。该钢在 850℃ 具有良好的抗氧化性，在含硫的气氛中有较好的耐蚀性；与常用的高铬铁素体型耐热钢相比，有较好的组织稳定性；焊接性能良好，焊前可不预热；可以剪切和冲压成形。该钢用于 850℃ 以下且负荷不大的锅炉省煤器、再热器吊挂及其他耐热构件，可部分代替 1Cr20Ni14Si2、1Cr6Si2Mo 等钢。

含镍量较高的钢用于含硫最多的环境下（烟气中含 SO_2 较多），其抗硫腐蚀和抗氧化性能降低，所以其使用的温度要降低 100℃。

常用的锅炉受热面吊挂和吹灰器用钢的化学成分、热处理及应用范围见表 7-5。

表 7-5　　常用的锅炉受热面吊挂和吹灰器用钢的化学成分、热处理及应用范围

钢号	化 学 成 分/%								热处理规范	主要应用范围
	C	Mn	Si	S	P	Cr	Ni	其他		
1Cr5Mo	≤0.15	≤0.60	≤0.50	≤0.030	≤0.035	4.00～6.00	≤0.60	Mo0.45～0.60	900～950℃ 油淬，600～700℃ 空冷	≤650℃ 的锅炉吊挂

续表

钢号	化 学 成 分/%								热处理规范	主要应用范围
	C	Mn	Si	S	P	Cr	Ni	其他		
1Cr6Si2Mo	≤0.15	≤0.70	1.50～2.00	≤0.030	≤0.035	5.00～6.50	≤0.60	Mo0.45～0.60		≤700℃的锅炉吊挂
4Cr9Si2	0.35～0.50	≤0.70	2.00～3.00	≤0.030	≤0.035	8.00～10.0	≤0.60		1020～1040℃油冷，700～800℃油冷	≤800℃的锅炉吊挂
1Cr25Ti	≤0.12	≤0.80	≤0.80	≤0.030	≤0.035	24.0～27.0		Ti5×C%～0.80	730～770℃空冷或水冷	≤1000℃的锅炉吊挂及吹灰器
1Cr20Ni14Si2	≤0.20	≤1.50	1.50～2.50	≤0.030	≤0.035	19.0～22.00	12.0～15.0		1080～1130℃快冷	1000～1100℃的锅炉吊挂及夹马
3Cr18Mn12Si2N	0.22～0.30	10.50～12.5	1.40～2.20	≤0.003	≤0.060	17.0～19.0		N0.22～0.33	1100～1150℃快冷	≤900℃的锅炉吊挂及夹马
2Cr20Mn9Ni2Si2N	0.17～0.26	8.50～11.00	1.80～2.70	≤0.030	≤0.060	18.0～21.00	2.00～3.00	N0.20～0.30	1100～1150℃快冷	≤1000℃的锅炉吊挂
2Mn18Al5SiMoTi	0.20～0.30	17.00～19.0	0.80～1.30	≤0.030	≤0.040		≤0.60	Al4.30～5.3 Mo0.60～1.0 Ti0.07～0.17	1050℃固溶	≤850℃的锅炉吊挂

复 习 思 考 题

1. 对锅炉管子用钢的基本要求有哪些？锅炉管子用钢有哪几种？它们的工作温度范围是多少？

2. 何谓锅炉受热面管子的长时超温爆管？爆破口有何宏观特征？

3. 何谓锅炉受热面管子的短时超温爆管？爆破口有何宏观特征？

4. 如何看待短时过热爆管有时出现的珠光体球化现象？

5. 错用钢材会造成什么危害？

6. 对锅炉汽包钢板有哪些主要要求？目前大容量锅炉汽包钢板材料主要有哪些？

7. 举例说明下列钢种在锅炉设备中的应用：

1Cr5Mo；2Cr20Mn9Ni2Si2N；4Cr9Si2；1Cr25Ti；1Cr6Si2Mo；3Cr18Mn12Si2N。

8. 为什么屈强比太高的材料不宜制造汽包？

9. 为什么10CrMo910钢的热强性不及12Cr1MoVG钢？

第八章　汽轮机主要零部件的选材及事故分析

第一节　汽轮机叶片用钢及事故分析

汽轮机叶片是汽轮机上将汽流的动能转换为机械能的重要零件之一，其工作条件极为复杂。与转子相连接并一起转动的叫动叶片；与静子相连接处于不动状态的叫静叶片。

一、汽轮机叶片的工作条件

（1）每一级叶片的工作温度都不相同。第一级叶片的温度最高，接近进口的蒸汽温度，然后蒸汽逐级做功，叶片温度逐级下降，到末级叶片时温度将降到100℃以下。

（2）叶片在运动着的水蒸气介质中工作，其中多数是在过热蒸汽中工作，而末几级叶片在湿蒸汽中工作。处于湿蒸汽区的叶片，要经受湿蒸汽的腐蚀和水滴冲刷所造成的机械磨损。

（3）转子高速转动时，叶片的离心力引起拉应力；由于汽流的压力作用会产生弯曲应力和扭应力；叶片还受到热冲击及汽流中随时间变化的分量（激振力）的作用而引起叶片的振动，当激振力频率与叶片的自振频率相等时将发生共振，共振时在叶片中产生很大的振动应力，使叶片产生疲劳损坏，叶片的断裂事故往往与疲劳损坏有关。

二、对汽轮机叶片用钢的性能要求

汽轮机叶片是在温度、应力和介质作用下长期工作的，一台汽轮机多个叶片，只要一个破断，其碎片可将相邻或下一级叶片打坏，使转子失去平衡而无法工作，甚至造成转子报废。因此，对汽轮机叶片用钢提出严格的要求：

（1）足够的室温和高温力学性能。一般来说，工作温度不超过400℃的叶片，如中压以下汽轮机叶片，主要考虑常温力学性能，即应具有较高的强度及较好的塑性和韧性，特别应具有高的抗疲劳性能；工作温度超过400℃的叶片，如高压汽轮机的前几级叶片，主要以高温力学性能为主，即应具有较高的蠕变极限、持久强度和持久塑性以及高的高温疲劳强度。

（2）良好的减振性。金属的减振性是指金属材料通过内摩擦（内耗）吸收振动能并把它转变为热能的能力。汽轮机叶片引起共振的可能性较大。如果叶片的减振性好，消除振动的能力大，就可大大降低共振时的应力幅度，使叶片因共振而导致疲劳断裂的可能性减小。

（3）足够的组织稳定性。

（4）良好的耐腐蚀性能和抗冲蚀性能。处于高温蒸汽区的叶片容易受到氧腐蚀；处于湿蒸汽区工作的叶片容易发生电化学腐蚀；后几级叶片受到水滴的冲刷。有时为增加叶片耐冲刷，在叶片上镶嵌硬质合金或进行表面强化处理。

（5）良好的冷热加工工艺性能。叶片成型工艺复杂，加工量大，因此要求叶片用钢的加工工艺性能好。

三、汽轮机叶片用钢

汽轮机叶片用钢主要是 Cr13 型和 Cr12 型马氏体钢。常用汽轮机叶片用钢的化学成分见表 8-1。

表 8-1　　　　　　　　　　　　常用汽轮机叶片用钢的化学成分

钢号	化 学 成 分/%									
	C	Si	Mn	P	S	Cr	Ni	Mo	W	其他
1Cr13	≤0.15	≤1.00	≤1.00	≤0.035	≤0.030	11.50~13.50	≤0.60			
2Cr13	0.16~0.25	≤1.00	≤1.00	≤0.035	≤0.030	12.0~14.0	≤0.60			
1Cr11MoV	0.11~0.18	≤0.50	≤0.60	≤0.035	≤0.030	10.00~11.50	≤0.60	0.50~0.70		V0.25~0.40
1Cr12WMoV	0.12~0.18	≤0.50	0.50~0.90	≤0.035	≤0.030	11.00~13.00	0.40~0.80	0.50~0.70	0.70~1.10	V0.18~0.30
2Cr12NiMoWV	0.20~0.25	≤0.50	0.50~1.00	≤0.035	≤0.030	11.00~13.00	0.50~1.00	0.75~1.25	0.70~1.25	V0.20~0.40
2Cr12NiW1Mo1V	0.15~0.21	≤0.50	0.50~0.90	≤0.030	≤0.030	11.00~13.00	0.80~1.20	0.70~1.10	0.75~1.05	V0.15~0.30
2Cr12Ni2W1Mo1V	0.12~0.26	≤0.50	0.40~0.80	≤0.030	≤0.030	10.50~12.50	2.20~2.60	1.00~1.40	1.00~1.40	V0.15~0.30　Ti≤0.05
1Cr17Ni2	0.11~0.17	≤0.80	≤0.80	≤0.035	≤0.030	16.00~18.00	1.50~2.50			
0Cr17Ni4Cu4Nb	≤0.07	≤1.00	≤1.00	≤0.035	≤0.030	15.50~17.50	3.00~5.00			Cu3.00~5.00　Nb0.15~0.45

（一）1Cr13 钢和 2Cr13 钢

1Cr13 钢和 2Cr13 钢属于马氏体型不锈钢，在室温和工作温度下具有足够的强度，具有高的耐蚀性能和减振性能，焊接性能尚可，并具有良好的冷加工性能，是世界上使用最广泛的汽轮机叶片用钢。2Cr13 钢的含碳量比 1Cr13 钢高，所以其室温强度比 1Cr13 钢高，但韧性略低，耐蚀性稍差。1Cr13 钢和 2Cr13 钢的热强性能不高，当温度超过 500℃时，热强性明显下降。1Cr13 钢工作温度不大于 475℃，2Cr13 钢的工作温度不大于450℃。用于汽轮机末级叶片时，其抗水滴冲蚀性能不足，需进行表面强化或镶嵌硬质合金处理。国外类似于 1Cr13、2Cr13 钢的牌号有日本 SUS410、SUS420J，美国 410、420，德国 X10Cr13、X20Cr13 钢等。

（二）12%铬型马氏体耐热钢

在 13%铬型钢的基础上加入钼、钨、钒、铌、硼等强化元素发展成多种马氏体型耐热不锈钢，这些钢在具有良好的减振性的同时热强性能也高于 Cr13 型钢。

1Cr11MoV 钢具有较好的组织稳定性、工艺性能，线膨胀系数小，对回火脆性不敏感，可进行氮化处理以提高钢的表面耐磨性，用于制造 540℃ 以下工作的汽轮机叶片、围带。

1Cr12WMoV 钢用于制造 580℃ 以下的叶片。因钢中加入了相当数量的铁素体形成元素 W、Mo 和 V，组织内含有一定量的铁素体。为了提高钢的淬透性，钢中还加入了 0.6% 左右的镍，以减少自由铁素体的含量，从而提高了钢的屈服强度。该钢工艺性尚好，可以锻轧和模锻，耐磨性能好，也可用于大型汽轮机长叶片。

2Cr12NiMoWV 钢缺口敏感性小，具有良好的减振性和抗松弛性，综合力学性能好，用于制造 550℃ 以下的叶片，在引进的 300MW 和 600MW 汽轮机组还作为紧固件材料。当用于制造低应力抗氧化零件时，其使用温度可达到 788℃。国外类似牌号有美国 C-422、日本 SUH616 钢等。

2Cr12NiW1Mo1V 钢和 2Cr12Ni2W1Mo1V 钢均为在国外 Cr12 型钢的基础上调整碳、钨、镍和钼元素而研制成功的国产化钢种，具有更佳的综合力学性能。2Cr12NiW1Mo1V 钢已推广为我国 200MW 汽轮机末级叶片用钢；2Cr12Ni2W1Mo1V 钢为 300MW 以上汽轮机末级和次末级叶片用钢。

（三）1Cr17Ni2 钢

该钢属于马氏体型不锈钢，具有高的强度、韧性和耐蚀性，为避免钢的力学性能降低，应控制钢中铁素体的含量，即应控制钢中铬、镍的含量。1Cr17Ni2 钢用于工作温度小于 450℃、要求高耐蚀性和高强度的叶片。国外类似牌号有美国 431、日本 SUS431 钢等。

（四）0Cr17Ni4Cu4Nb（17-4PH）钢

该钢属于沉淀硬化型马氏体不锈钢。该钢具有良好的力学性能，耐蚀性能高，减振性能好，抗腐蚀疲劳性能及抗水滴冲蚀性能优于 12% 铬钢。国外类似牌号有日本 SUS630、美国 Type630 钢等。0Cr17Ni4Cu4Nb（17-4PH）钢用于汽轮机末级动叶片。腐蚀环境下，该钢工作温度低于 300℃。

由于大功率汽轮机的发展，后几级叶片尺寸越来越长，因而所产生的离心力很大。按目前不锈钢的强度特性，对于转速为 3000r/min 的叶片，最长长度不能超过 1100～1300mm。比这更长的叶片需要采用高强度、低密度的材料。铝合金、钛合金密度小，耐蚀性高，有一定的强度，在国外已经用于制造大功率汽轮机长叶片。

常用汽轮机叶片用钢的力学性能见表 8-2。

表 8-2　　　　　　　　　　　常用汽轮机叶片用钢的力学性能

钢号	热 处 理 工 艺	R_m	R_e	A	Z	α_k	HB
		MPa		%		J/cm²	
1Cr13	退火：800～900℃缓冷或约750℃快冷 淬火：950～1050℃油冷 回火：700～750℃快冷	≥540	≥345	≥25	≥55	≥78J (A_K)	≥159
2Cr13	退火：800～900℃缓冷或约750℃快冷 淬火：920～980℃油冷 回火：600～750℃快冷	≥635	≥440	≥20	≥50	≥63J (A_K)	≥192
1Cr11MoV	淬火：1050～1100℃空冷 回火：720～740℃空冷	≥685	≥490	≥16	≥55	≥47J (A_K)	
1Cr12WMoV	淬火：1000～1050℃油冷 回火：680～700℃空冷	≥735	≥585	≥15	≥45	≥47J (A_K)	
2Cr12NiMoWV	退火：830～900℃缓冷 淬火：1020～1070℃油冷或空冷 回火：600℃以上空冷	≥885	≥735	≥10	≥25		≤341
2Cr12NiW1Mo1V	淬火：1030～1050℃油冷 回火：680～700℃空冷	≥880	≥735	≥14	≥42	≥47J (A_K)	
2Cr12Ni2W1Mo1V	淬火：1000～1070℃油冷 回火：660～700℃空冷	≥922	≥735	≥13	≥40	69 中心 59 纵向	285～ 321

续表

钢号	热 处 理 工 艺	R_m	R_e	A	Z	α_k	HB
		MPa		%		J/cm²	
1Cr17Ni2	淬火：950～1050℃油冷 回火：275～350℃空冷	≥1080		≥10		≥39J (A_K)	
0Cr17Ni4Cu4Nb	固溶：1020～1060℃快冷 时效：固溶后，470～490℃空冷	≥1310	≥1180	≥10	≥40		≤363 ≥375
	固溶后，540～560℃空冷	≥1060	≥1000	≥12	≥45		≥331
	固溶后，570～590℃空冷	≥1000	≥865	≥13	≥45		≥302
	固溶后，610～630℃空冷	≥930	≥725	≥16	≥50		≥277

四、汽轮机叶片的断裂分析

汽轮机叶片长期在极为复杂的恶劣环境下工作，在高温的蒸汽中承受巨大的离心力、振动应力和激振力等复杂应力作用，后几级叶片经受湿蒸汽的腐蚀和水滴的冲蚀。在分析叶片断裂事故时，必须考虑叶片的运行条件。

叶片的断裂事故，按照叶片断裂的机理，可以分为短期疲劳断裂、长期疲劳断裂、高温疲劳断裂、应力腐蚀断裂、腐蚀疲劳断裂及接触疲劳损坏等。

（一）短期疲劳断裂

短期疲劳断裂是指叶片在运行过程中，受到外界较大的应力或较大的激振力，导致叶片经受振动次数低于 $10^7 \sim 10^8$ 次就发生断裂的一种机械疲劳损坏。在运行不正常时，如疏水系统发生故障、汽包水位失去控制、冷凝器发生满水故障等都会使水进入汽轮机内，叶片因遭到水冲击而承受较大的应力，随即很快损坏。另外，由于设计不良、安装不好，使叶片受到较大的低频激振力，当激振力的频率与叶片的自振频率相同引起共振时，也会很快导致叶片断裂。

叶片发生短期疲劳断裂往往伴有明显的塑性变形，通常叶片会发生反扭（进汽边逆转向、出汽边顺转向弯扭），严重的会使叶片顶部弯曲。断裂多发生在叶型的底部，有时叶片的出汽边、背弧区、进汽边都有裂源。断口表面粗糙，疲劳贝壳纹不明显或间距较大，断口的疲劳区往往小于最终断裂区，断口的四周伴有明显的塑性变形，经受水击的叶片断口可呈现人字形花样。

低频激振力导致叶片断裂时，同型叶片常频繁发生断裂；水击损坏时，损坏的叶片常集中分布，在短期内大量断裂。图 8-1 为某汽轮机运行中汽缸进水，由于水冲击使叶片发生严重塑性变形和断裂的形貌。图 8-1 （a）中，叶片顶部弯曲，下部的出汽边呈波浪形；图 8-1 （b）中，疲劳断口粗糙，裂纹发展后

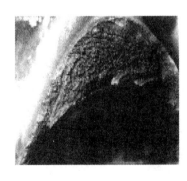

　　(a)　　　　　　　　　　(b)

图 8-1　2Cr13 钢叶片水冲击损坏

(a) 叶片塑性变形形貌；(b) 疲劳断口处形貌

区有人字花样，最终断裂区在进汽边，呈塑性剪切断口。

防止短期疲劳断裂的措施主要是消除低频共振和防止水击。

（二）长期疲劳断裂

长期疲劳断裂是指叶片在运行过程中，承受低于叶片原始疲劳强度的应力、应力循环次数远大于 10^7 次所发生的一种机械疲劳损坏。例如，叶片或叶片组存在某种高频振动而发生共振损坏；叶片表面有缺陷（如夹杂、腐蚀坑、划痕等）使叶片局部产生应力集中而形成疲劳源，使叶片提早疲劳损坏；运行不正常（如超负荷运行、低负荷运行等）使叶片某些级应力升高，导致提早破坏。

长期疲劳断裂的叶片，断面平整，断口呈细瓷状，贝壳纹清晰，疲劳区域面积较大。当应力水平较高时，疲劳区域面积会减小；反之综合应力水平较低、破坏时间较长的断口，疲劳区域面积会超过最终断裂区面积。如果断裂发生在高温区，断口常有蓝黑色氧化膜，疲劳条纹也不显著。高频复杂扭振引起叶片断裂，其断口有时呈倾斜状，疲劳特性有时也不明显。

防止长期疲劳断裂的措施主要有消除共振、提高叶片制造质量和安装质量、改善运行条件等。

（三）高温疲劳断裂

叶片的高温疲劳断裂发生在汽轮机的高压级、中间再热式汽轮机中压缸的前几级，中压汽轮机调节级也会发生高温疲劳损坏。

高温疲劳断裂是由静应力引起的蠕变和振动引起的疲劳叠加作用产生的损坏。高温氧化是促使疲劳裂纹产生和加速扩展的原因。高温氧化能在裂纹前沿产生脆性氧化物，使裂纹尖端的应力增加，并使裂纹前沿的显微组织发生变化，从而加快裂纹的扩展。

由断面上看，在裂纹源区域，由于较长时间的静应力的作用，蠕变现象较为明显；在裂纹扩展过程中，尤其是快速扩展区，疲劳断裂的作用明显。高温疲劳往往伴有组织变化。高温疲劳断裂是穿晶的，整个断口呈现不同颜色的色带。疲劳区由于形成时间长，会因氧化而呈现较深的颜色。

防止叶片高温疲劳损坏的主要措施是防止共振，防止叶片同叶片之间、叶片同叶轮之间的摩擦，降低介质含氧量和提高叶片材料的高温强度。

（四）应力腐蚀断裂

应力腐蚀断裂是叶片在拉应力和腐蚀介质的共同作用下发生的损坏。叶片产生应力腐蚀的拉应力源自不正确的焊接、热处理、冷热加工工艺及外加载荷等。

应力腐蚀断口通常呈颗粒状（结晶状断口），用电子显微镜观察表明，裂纹是沿晶的，断面上有滑移台阶，并有细小的腐蚀坑。

防止应力腐蚀断裂的措施主要是完善叶片冷、热加工工艺，消除叶片的内应力，改善蒸汽品质，避免叶片产生共振，同时要注意停机保养。

（五）腐蚀疲劳断裂

腐蚀疲劳断裂是叶片在腐蚀介质里受交变应力作用而产生的疲劳损坏。当存在共振、有腐蚀性介质浓缩时易发生腐蚀疲劳断裂。在腐蚀介质作用下，叶片表面形成小的腐蚀坑，在交变应力和介质作用下，腐蚀坑发展成疲劳裂纹，裂纹逐渐扩展直至断裂。断口具有疲劳断口特征，并有腐蚀性沉淀物。

提高叶片的耐蚀性，尽量减小交变应力水平（如调开共振），提高蒸汽品质，注意停机保养等均可防止腐蚀疲劳断裂。

（六）接触疲劳损坏

叶片的接触疲劳损坏是指叶根振动产生微量往复位移而与轮缘结合部相互摩擦，在高的接触应力作用下，经多次应力循环后所发生的疲劳损坏。造成叶片接触疲劳损坏的主要原因是叶根设计不当或叶片装配不良。

在叶根与叶轮轮缘结合部接触滑动的过程中，由于接触切应力的作用，使其表层金属塑性变形并硬化。当表面接触切应力大于金属的剪切强度时，就产生微裂纹；蒸汽对裂纹的氧化和叶片振动的附加应力又加速裂纹的扩展，以致发生断裂。叶片接触疲劳损坏断口是典型的疲劳断口，贝壳纹花样清晰，断口上有多个疲劳源，因而断口具有断块和台阶；在裂纹的内部和断口上往往有一层氧化膜。

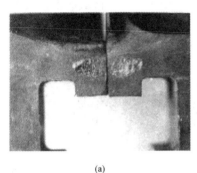
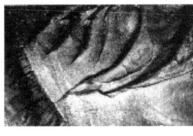

(a)　　　　　　　　　　　(b)

图 8-2　汽轮机叶片接触疲劳损坏形貌

(a) 断裂形貌；(b) 断口特征

图 8-2 为某汽轮机第十二级叶片因存在切向共振，运行 1000h 后发生接触疲劳损坏的形貌。

第二节　汽轮机转子用钢及事故分析

汽轮机的转动部分总称为转子。严格地讲，转子由主轴、叶轮、叶片及联轴器组成，但在很多场合将主轴和叶轮的组合件称为转子。汽轮机组功率不同，转子的制造方法也不相同。一般来说，小功率机组，主轴与叶轮分开制造，而后用热套法整装成转子（套装式转子）；中等功率机组，一般高压段转子为整锻转子即主轴、叶轮和其他主要部件均由一整体锻件加工而成，叶片直接装在转子的轮槽里，其余部分为套装式转子；大功率机组，高压转子为整锻转子，低压转子为焊接而成（焊接转子）。

随着高温、高压大容量机组的发展，汽轮机转子的质量和尺寸也越来越大。如 300MW 汽轮机高压转子直径为 1m，质量约 8t；低压转子直径 2m，重约 27t。要制造如此巨大的工件，在冶炼、锻造、冷热加工以及运输、安装等各个环节都要求有相当高的技术水平。

一、转子的工作条件

高温高压蒸汽喷射到汽轮机转子的叶片后，产生的转动力矩经叶轮传到主轴，使主轴承受扭转应力；转子高速旋转时，要承受自重产生的交变弯曲应力和大的离心力的作用；转子的旋转振动还造成频率较高的附加交变应力；甩负荷或电机短路会产生巨大的瞬时扭应力和冲击载荷；从高压缸到低压缸，蒸汽温度各不相同，转子还要承受温度梯度引起的热应力作用。

二、对转子用钢的性能要求

（1）锻件毛坯及锻件质量好，材料性能均匀，不应有裂纹、白点、缩孔、折叠、过度偏析以及超过允许的夹杂和疏松。材料性能的均匀性，一般通过测定硬度方法进行检验。如要求在主轴的同一圆弧表面上各点间的硬度差不应超过 30HBS。

（2）转子经最终热处理后，具有较低的残余应力，以避免因局部应力增大或产生热变形而引起机组振动。

（3）良好的综合力学性能，即较高的强度和良好的塑性、韧性及抗热疲劳性能的匹配。

（4）具有较高的蠕变极限、持久强度和组织稳定性，断裂韧性高，脆性转变温度低。

（5）材料具有良好的抗氧化和抗蒸汽腐蚀的能力。

（6）良好的淬透性、焊接性及加工工艺性。

三、转子用钢

叶轮、主轴和转子用钢是按不同的强度级别选用的，主要用钢是中碳钢（30、40、45钢）和中碳珠光体耐热钢，只有制作焊接转子时，为了保证材料的可焊性才适当降低含碳量。在钢中加入一定量的合金元素铬、镍、钼、锰等，可提高钢的淬透性，增加钢的强度，其中钼还可以减小钢的回火脆性，铬、钼、钨、钒等可提高钢的热强性能。

常用转子用钢的化学成分见表 8-3，力学性能见表 8-4。

表 8-3　　　　　　　　　　　　　常用转子用钢的化学成分

钢号	化 学 成 分/%									
	C	Si	Mn	S	P	Ni	Cr	Mo	V	其他
17CrMo1V	0.12~0.20	0.30~0.50	0.60~1.00	≤0.030	≤0.030		0.30~0.45	0.70~0.90	0.30~0.40	
35CrMoVA	0.30~0.38	0.17~0.37	0.40~0.70	≤0.025	≤0.025	≤0.30	1.00~1.30	0.20~0.30	0.10~0.20	Cu≤0.25
30Cr1Mo1VE	0.27~0.34	0.17~0.37*	0.70~1.00	≤0.012	≤0.012	≤0.50	1.05~1.35	1.00~1.30	0.21~0.29	Cu≤0.15 Al≤0.010
25Cr2NiMoV	0.22~0.28	0.15~0.35	0.70~0.90	≤0.015	≤0.015	1.00~1.20	1.70~2.10	0.75~0.95	0.03~0.09	
30Cr2MoV	0.22~0.32	0.30~0.50	0.50~0.80	≤0.018	≤0.015	≤0.30	1.50~1.80	0.60~0.80	0.20~0.30	Cu≤0.20
30Cr2Ni4MoV	≤0.35	0.17~0.37	0.28~0.40	≤0.012	≤0.012	3.25~3.75	1.50~2.00	0.30~0.60	0.07~0.15	Cu≤0.20 Al≤0.015
20Cr3MoWV	0.17~0.24	0.17~0.37	0.30~0.60	≤0.025	≤0.025	≤0.30	2.6~3.00	0.35~0.50	0.70~0.90	W0.30~0.60
33Cr3MoWV	0.30~0.38	0.17~0.37	0.50~0.80	≤0.030	≤0.035		2.40~3.30	0.35~0.55	0.15~0.25	W0.30~0.50

*　采用真空碳脱氧时，硅量应不大于 0.10%。

表 8-4　　　　　　　　　　　　　常用转子用钢的力学性能

钢号	热处理制度	R_e	R_m	A	Z	α_k	A_{KV}/J	HBS	备 注
		MPa		%		J/cm²			
17CrMo1V	980~1000℃油冷 710~730℃ 空冷 或炉冷	≥588	≥686	≥16	≥45	≥59		212~262	各种锻件； 取样位置： 纵向，1/3R
35CrMoVA	900℃油冷 630℃回火水冷或油冷	≥932*	≥1079	≥10	≥50	≥88		≤240**	截面厚度 ≤80mm

续表

钢号	热处理制度	R_e	R_m	A	Z	α_k	A_{KV}/J	HBS	备　注
		MPa		%		J/cm²			
30Cr1Mo1VE		≥550	≥690	≥15	≥40		≥7		中心孔纵向
25Cr2NiMoV	(900±10)℃淬火 (630±10)℃回火	≥637	≥745	≥15	≥40	≥59			纵向
30Cr2MoV		≥490	≥637	≥16	≥40	≥49			轴端纵向
				≥14	≥35	≥39			本体径向
30Cr2Ni4MoV		≥760	860～970	A≥16	≥45		≥40		轴端纵向 本体径向
20Cr3MoWV	1050℃空冷或油冷 720℃水或油冷	≥630	≥785	A≥14	≥40	≥69		≤229**	截面厚度 ≤80mm纵向
33Cr3MoWV	940～960℃油冷 580～660℃空冷 或炉冷	≥735	≥853	A≥12	≥45	≥49		269～302	强度级别735
		≥785	≥932	A≥10	≥40	≥39		285～321	强度级别784

　＊　取 $R_{p0.2}$ 值。
　＊＊　退火状态。

（一）17CrMo1VA 钢

该钢合金含量不高，工艺性能良好，综合力学性能较好，有较高的热强性能和低温冲击性能，适用于大截面锻件和拼焊结构，用于工作温度为 520℃以下的汽轮机低压焊接转子。17 CrMo1V 钢相当于瑞士 St560TS 钢。

（二）35CrMoV 钢

钢的强度较高，淬透性也较好，焊接性能差。该钢生产中有时出现冲击值不稳定的现象，其原因受多方面影响，如冶炼夹杂、锻造过热等。35CrMoVA 钢用于温度为 500～520℃时工作的转子、叶轮。

（三）30Cr1Mo1V 钢

30Cr1Mo1V 钢相当于美国的 ASTM A470 Class8 钢。该钢具有较好的热强性和淬透性，综合力学性能良好，抗腐蚀性和抗氧化性尚可。锻造工艺性能较好，切削加工性良好。用于工作温度为 540℃以下的汽轮机高中压转子。

（四）25Cr2NiMoV 钢

25Cr2NiMoV 钢属贝氏体类型钢，钢的综合力学性能良好，强度高，淬透性好，FATT 低。在截面尺寸为 700～800mm 时，屈服强度可达 650～700MPa，并具有较好的高温性能。钢的冶炼、锻造、热处理工艺性能良好，用于制造大型汽轮机焊接转子。

（五）30Cr2MoV（27Cr2MoV）钢

30Cr2MoV（27Cr2MoV）钢具有较高的强度和韧性，在 500～550℃时仍有良好的塑性，组织稳定性能较好，室温冲击韧性值变化很小；但热加工工艺性能不稳定，锻造时易出现裂纹。30Cr2MoV 钢用于制造工作温度在 535℃以下的汽轮机整锻转子和叶轮。30Cr2MoV（27Cr2MoV）钢相当于俄罗斯的 P2 钢。

（六）30Cr2Ni4MoV 钢

该钢是目前国内外在大型机组中广泛采用的低压转子用钢。钢的淬透性能好，强度高。在冶炼和浇注时采用真空技术除气，提高了钢的纯净度，使钢的室温冲击韧性明显提高，FATT明显降低。该钢具有回火脆性，这主要与杂质元素有关，脆性温度大致为 $350\sim$ 575℃；焊接性能差，不允许焊接。该钢用于制造大功率汽轮机低压转子、主轴等，已用于 300、600MW 机组低压转子。

（七）20Cr3MoWV 钢

该钢具有高的热强性能和抗松弛性能，良好的淬透性能。对转子的解剖发现，中心和边缘性能相差较大。20Cr3MoWV 钢用于工作温度在 550℃ 以下的汽轮机转子、叶轮等。

（八）33Cr3MoWV 钢

该钢的淬透性能高，无回火脆性倾向；采用油淬、高温回火工艺后，金相组织细密均匀，性能良好；厚度大于 400mm 的锻件，应严格控制锻造温度和变形量，以免因过热而影响冲击性能。该钢主要用于制造工作温度在 450℃ 以下、截面厚度小于 450mm 的汽轮机转子和叶轮。

四、汽轮机转子的事故分析

汽轮机转子的金属事故主要是主轴的变形和断裂、叶轮的开裂。

（一）主轴（转子）的变形

汽轮机主轴由于出厂时残余应力较大、运输时放置不当、新机组安装质量低下或试运行不当等，均可引起过量变形，使主轴发生弯曲。

对于原来合格的主轴，在运行时也会发生过量塑性变形。其主要原因是，停机过程中，汽轮机进水又未进行盘车，冷却不均匀产生的热应力使主轴弯曲；运行超速，偏心质量引起的离心力过大；启动未严格按操作规程进行；运行中汽轮机动、静部件之间发生摩擦等。

当主轴发生弯曲变形时需进行校正，通常称为直轴。对于小功率汽轮机碳钢转子，可采用局部加热法予以校直；对大功率汽轮机主轴，采用"松弛法"进行校正，即利用金属在高温下的松弛特性——应变一定，作用于构件的应力随时间而下降，在应力降低的同时，所产生的反向塑性变形抵消原始变形，以达到直轴的目的。

（二）主轴的断裂

汽轮机转子是高速转动的部件，主轴断裂会造成严重事故，必须引起高度重视。主轴断裂的原因大致有以下几种：

（1）材料内部缺陷。不论是整锻转子还是套装转子，其锻件尺寸较大，质量较难保证，而且检验又比较复杂。如果主轴内部残留有冶金缺陷则是非常危险的隐患，如疏松、非金属夹杂物、白点、严重偏析等缺陷都会使主轴产生裂纹并导致断裂。

（2）运行不当。汽轮机在运行中如发生超速、落真空、进水或油系统发生故障都是非常危险的。运行不当时会造成叶片、叶轮的离心力增大，或引起严重振动，从而引起主轴断裂事故。

（3）轴承产生油膜振荡。油膜振荡为滑动轴承支撑的转子因油膜的作用力和转子的弹性力、惯性力相耦合时引起的一种强烈振动。有时油膜振荡比不平衡离心力造成共振时的振幅还大，此时转子剧烈甩转引起主轴疲劳断裂。大型机组易出现油膜振荡。

（4）套装件过盈配合不当产生事故。套装在主轴上的叶轮，由于离心力和温度的影响，会使叶轮内孔增大，以致叶轮与轴之间可能产生间隙，因此，叶轮和主轴之间的配合必须采取过盈配合。过盈量越大，作用在叶轮内表面的径向应力也就越大，会引起叶轮键槽处的开裂。若过盈量过小，在高速转动下的叶轮和轴之间产生松动，会在叶轮和主轴之间产生微量滑动，引起高的附加应力及异常振动而使主轴产生疲劳断裂。

（5）其他部件断裂引起转子事故。发电机、励磁机等发生断裂，都会引起汽轮机转子断裂。

图 8-3（a）为某 50MW 汽轮机大轴由于推力盘松动，使大轴端部受一偏心的高应力作用，在运行 39 098h 后大轴端部发生断裂的实物照片。图 8-3（b）为断口形貌，具有两个典型的贝壳花样（箭头所指处）。

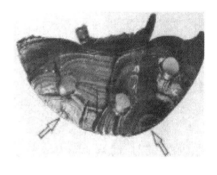

(a)   (b)

图 8-3　主轴断裂形貌

（a）汽轮机大轴端部发生断裂的实物照片；（b）断口形貌

（三）叶轮的开裂

汽轮机叶轮是大型高速转动部件之一，工作时所受应力复杂，在长时间运行时，轴向键槽处易出现裂纹，当裂纹发展到一定深度时，就会导致整个叶轮开裂。开裂叶轮的断口及开裂方式大多是脆性断裂。造成叶轮开裂的主要原因如下：

（1）应力腐蚀。产生应力腐蚀断裂的部位在套装叶轮的轴向键槽的圆角处。由于热处理或加工工艺不正确，造成键槽圆角处存在应力集中和残余应力，在运行时该处的拉应力接近甚至超过材料的屈服强度，加之汽水中的杂质在键槽处浓集而造成应力腐蚀开裂。图 8-4 所示为汽轮机末级叶轮的键槽处因应力腐蚀而导致叶轮开裂的形貌。

（2）材料内部缺陷。当叶轮材料有缺陷或在键槽附近已经产生轴向裂纹，如末级叶轮的应力腐蚀裂纹、中压进口区轮槽里的蠕变裂纹等，在超速时引起叶轮开裂。

（3）制造加工质量差。由于隔板加工尺寸错误，使隔板体与叶轮轮面之间的间隙过小，运行时叶轮严重磨损和变形，引起叶轮轮面产生网状裂纹；键槽处加工质量差，应力高度集中产生裂纹源。

（4）腐蚀性热疲劳。叶轮的平衡孔附近，由于湿蒸汽的冲刷可造成腐蚀性热疲劳，从而产生裂纹。

防止叶轮开裂的措施是：注意停机时的保养工作，防止产生腐蚀；提高冶金质量和键槽

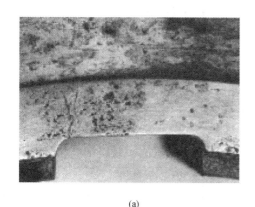 

(a)　　　　　　　　　　　　　　　　　　　　　(b)

图 8-4　叶轮应力腐蚀而开裂的形貌

（a）裂纹在键槽处的分布；（b）开裂叶轮实物照片

加工粗糙度质量；大修时加强对后几级叶轮的探伤检查，及时对某些已经产生裂纹的叶轮进行补焊修复或换上新叶轮。

第三节　汽轮机静子用钢及事故分析

一、汽轮机静子的工作条件

汽轮机静子主要指汽缸、隔板、蒸汽室、喷嘴室等。它们是在高温高压或一定的温差、压力差作用下工作的。汽缸是汽轮机的重要部件，通常由上、下两部分组成，其作用是将蒸汽与大气隔绝，形成将汽流热能转换为机械能的封闭空间。在运行时，汽缸除承受压力和温度的作用外，还要承受转子和其他静止部件（如隔板、喷嘴室等）的重力作用以及沿汽缸轴向、径向温差而产生的热应力作用；汽缸工作时受到汽流的压力，这种压力前部最大，沿轴线向后逐渐降低，低压缸在真空条件下工作，承受外部空气的压力，因此，汽缸壁上所受的力是变化的。此外，汽缸形状复杂，除了铸造工艺本身可能带来的铸造缺陷外，壁厚的变化还将产生局部应力。

蒸汽室、喷嘴室是在高温、高压蒸汽中工作，隔板要承受相邻两级蒸汽压差产生的压力且各级隔板处在不同温度下。

二、对静子材料的性能要求

（1）足够高的室温力学性能和较好的热强性。

（2）良好的抗热疲劳性能和组织稳定性，一定的抗氧化、抗蒸汽腐蚀的能力。

（3）具有良好的铸造性能和焊接性能。

三、汽轮机静子用钢

由于汽缸、隔板等所处温度和应力水平不同，因而，按其对材料性能的不同要求可选用各种铸铁（一般为灰口铸铁，多用于制造低中参数汽轮机的低压缸和隔板）、碳钢（用于制造工作温度在 425℃ 以下的汽轮机静子）和低合金耐热钢。静子用钢的热处理、性能及用途见表 8-5。

表 8-5　　　　　　　　　　　　　静子用钢的热处理、性能及用途

钢　号	热处理状态	持久强度/MPa		最高使用温度/℃	用　途
		温度/℃	σ_{10^5}		
ZG25	900℃退火 650℃回火	400	149.9	400~450	阀体、汽缸、隔板
ZG35	900℃退火或900℃正火 650℃回火	—	—	室温	轴承外壳、齿轮、水泵端盖
ZG22Mn	900℃正火 650~700℃回火	—	—	450	中压汽轮机前汽缸
ZG20CrMo	890~910℃正火 650~680℃回火	510	139.2~ 153.9	500	阀体、汽缸、隔板、蒸汽室
ZG20CrMoV	920~940℃正火 690~710℃回火	540	137.2	540	阀体、汽缸、蒸汽室
ZG15Cr1Mo1V	990℃正火 720℃回火	580	92.1~ 124.5	570	阀体、汽缸、喷嘴室
ZG15Cr1Mo	960~970℃正火 (670±10)℃回火	540	89	538	阀体、汽缸
ZG15Cr2Mo1	950℃正火 705℃回火	565	62	566	汽轮机内缸、阀壳、喷嘴室
ZG1Cr18Ni9Ti	1100℃正火 800℃回火	650	44.1	610	高压及超高压参数的阀件

　　ZG25 钢在 400~450℃ 有一定的强度和较好的塑性和韧性，铸造和焊接性能良好。ZG35 钢有较好的塑性和强度，良好的铸造性能，焊接性尚可。ZG22Mn 钢的强度略高于 ZG35 钢，且有较高的塑性和韧性，铸造性能良好，但焊接性稍差。ZG25 钢主要用于制造工作温度小于 450℃ 的汽缸、隔板和阀门等；ZG35 钢主要用于制造汽轮机轴承外壳、齿轮等；ZG22Mn 钢主要用于制造工作温度小于 450℃ 的阀件、中压汽轮机前汽缸等。

　　ZG20CrMo 钢是一种广泛应用的热强铸钢，有较好的组织稳定性和好的工艺性以及较高的热强性，焊接性能尚可，但当温度超过 500℃ 时，热强性明显下降。ZG20CrMoV 钢是在 ZG20 CrMo 钢中提高了铬含量，并加入 0.2%~0.3%V，因此，其常温及高温力学性能均优于ZG20CrMo钢，但其工艺性较差，铸造时容易形成热裂纹和皮下气孔，焊接性也较差。ZG20CrMo、ZG20CrMoV钢用于制造工作温度为 450~500℃ 的汽缸、隔板、阀门等。

　　ZG15Cr1Mo1V 钢是一种综合力学性能比较好的热强钢，具有更高的热强性，但其铸造性能比 ZG20CrMoV 钢还差，焊接性也差，用于制造工作温度不超过 570℃ 的汽轮机汽缸、喷嘴室等。

　　近年来我国在标准钢号中增加了 ZG15Cr1Mo、ZG15Cr2Mo1 钢，它们分别相当于国外的 $1\frac{1}{4}$Cr-$\frac{1}{2}$Mo 钢和 $2\frac{1}{4}$Cr-1Mo 钢。ZG15Cr1Mo 有较好的塑性和韧性，铸造裂纹倾向较低，其强度和热强性能满足在 538℃ 以下长期工作的要求，焊接性能和 ZG20CrMo 钢相似，用于制造 538℃ 以下的高中压汽缸、阀门等，美国类似的牌号有 Gr.6、WC6 钢；ZG15Cr2Mo1 具有良好的综合性能和工艺性能，抗腐蚀性能和抗高温氧化性能优于 ZG15Cr1Mo 钢，焊接性能尚可，用于制造 570℃ 以下的汽轮机内缸、喷嘴室等，美国类似的牌号有 Gr.10、WC9 钢。

　　四、汽缸的失效分析

　　汽缸的失效形式主要是变形和开裂。

（一）汽缸的变形

汽缸变形的表现形式为汽缸水平结合面因变形而漏汽以及汽缸圆周发生变形而引起汽轮机中心的改变，所以汽缸的变形影响汽轮机的安全运行。为此在检修时不得不进行水平结合面的修刮和局部补焊以及调整汽轮机的中心。

造成汽缸变形的因素主要如下：

（1）铸造残余应力较大。汽缸的形状复杂、厚度大而且壁厚不均匀，铸造时存在较大的应力。汽缸铸件虽然经过去应力退火，但有时候不能使残余应力全部消除。在运行时各部分形状和温度不同，残余应力的减少不同并发生重新分布，引起汽缸不均匀变形。

（2）蠕变变形。高压汽轮机汽缸的工作温度达到钢的蠕变温度。但汽缸的结构复杂，而且各部分的温度也不同，因此各部分蠕变变形程度也不同，不均匀的蠕变变形导致汽缸变形。由蠕变引起的变形会随着运行时间的增加而增大，运行到一定时间，汽缸就会发生漏汽现象。

（3）汽轮机基础不良。汽轮机基础不良，造成各部分受力的大小不同而导致汽缸变形。

（4）补焊不当。汽缸裂纹挖补后因补焊工艺不当，引起局部应力过高也可导致汽缸变形。

（二）汽缸的开裂

汽缸裂纹大都产生在温度梯度大、圆角半径小或汽缸厚度不对称的地方，法兰与汽缸壁的过渡区以及各调节汽门汽道之间最容易产生裂纹。

汽缸开裂的原因有多种，但总的来讲不外乎内因（结构、材质、工艺等）和外因（温度、应力等）两个方面。

汽缸形状变化的部位圆角半径过小、汽缸壁的厚薄差别大而又过于陡峭，则容易造成应力集中而导致裂纹的产生。ZG15Cr1Mo1V 钢在高温下长期使用时有较大的蠕变脆性倾向，由于铸钢材料成为脆性状态后，应力集中敏感性增加，因此在蠕变疲劳的交互作用下，容易产生裂纹，裂纹的扩展速度也快。汽缸铸件用钢虽然采用电炉熔炼，但仍然有过多气孔、夹渣、砂眼和裂纹，使用中造成汽缸开裂。补焊时，由于存在热影响区，引起局部残余应力过高，若未经消除残余应力处理，则易造成汽缸开裂。

汽缸的进汽区温度分布不均匀，并且波动迅速，引起快而不均匀的热应力循环。因此裂纹往往发生在汽缸第一级叶轮或更前部，围绕在第一级调节汽门附近。启动和停机过程中，同样产生热应力，热应力和介质内压形成的拉应力叠加形成复杂的应力状态。随着汽轮机启动和停机次数的增加，运行时间的增加，汽缸就会发生开裂。开裂的时间以及裂纹的扩展速度取决于热应力的大小、循环次数、运行时间和材料的性质。

对于出现裂纹的汽缸可以采用挖除补焊的方法消除裂纹和防止裂纹扩展。

第四节　螺栓用钢与事故分析

一、螺栓的工作条件和对螺栓材料的性能要求

螺栓是火电厂中锅炉、汽轮机和蒸汽管道上广泛使用的紧固件。螺栓在工作时主要承受拉应力，拉应力产生作用于密封面上的压力，使所连接的两个密封面紧密结合而不致产生漏汽。在高温下长期工作的螺栓，会发生应力松弛现象。高温螺栓还要承受高温氧化作用。螺

栓的过早断裂失效，往往是由金属材料方面的因素引起的。因此，对螺栓材料提出以下性能要求：

（1）具有高的抗松弛性能。高的抗松弛性能，以保证在较低的预紧力下，在一个大修期内压紧力不低于最小密封应力。我国螺栓设计的最小密封应力为 147MPa。

（2）足够高的屈服极限。为了使预紧时螺栓不产生屈服，要求材料具有高的屈服强度。当机组启动时，法兰与螺栓的温差最大，法兰温度高于螺栓，由于法兰的膨胀，产生温度附加应力。在不正常启动时，这种温度附加应力高达 100MPa 以上。这时螺栓的最大应力应为预紧拉应力与最大温度附加应力之和。为了保证安全运行，最大应力不应超过材料的许用应力，因此要求螺栓材料具有高的屈服强度。

（3）高的持久塑性和低的缺口敏感性。一般认为持久塑性 $A > 3\% \sim 5\%$ 能防止螺栓脆性断裂。缺口敏感性低，可以减少螺纹根部应力集中处裂纹的产生。

（4）一定的抗氧化性。抗氧化性好，可防止长期运行后因螺纹氧化而发生螺栓与螺母咬死现象。

（5）良好的加工工艺性。螺母的工作条件较螺栓好，为防止螺纹咬死和减少磨损，选材时常采用与螺栓不同的钢号。螺母材料强度级别应比螺栓材料低一级，硬度低（20～50HB）。原则上，同一法兰的螺栓应采用相同的钢号，硬度值相近，否则应考虑不同线膨胀系数和不同抗松弛性能带来的影响。

二、螺栓用钢

螺栓用钢多属于中碳钢和低、中碳合金钢，取中碳是希望有强度和韧性较好的配合。常用螺栓用钢的热处理、特点及应用范围见表 8-6。

表 8-6   常用螺栓用钢的热处理、特点及应用范围

钢 号	热处理工艺	特 点	最高使用温度/℃
35	正火	强度较低，有良好的塑性和韧性，焊接性尚可。可调质处理，但淬透性低	400
45	正火		400
35SiMn	900℃水冷 570℃回火，水或油冷	较好的淬透性，较高的强度，好的韧性。该钢价格低廉，但有一定程度的过热敏感倾向及回火脆性倾向，并有白点敏感性	400
35CrMo	850～870℃水或油冷 540～620℃回火	较好的淬透性，较高的强度，好的韧性。在高温下有高的蠕变强度和持久强度，组织稳定性好。焊接时需预热	480
25Cr2MoVA	920～940℃油冷 640～690℃回火	室温强度高、韧性好。淬透性好。在 500℃ 以下具有良好的高温性能和高的抗松弛性能，无热脆倾向。热处理后有回火脆性，并且对回火温度敏感。焊接性能差	510
25Cr2Mo1VA	(1)1030～1050℃空冷 950～970℃空冷 680℃回火 6h 后空冷 (2)950～980℃空冷 680℃回火 6h 后空冷	具有较高的耐热性和高温强度，较好的抗松弛性能。冷、热加工性能良好，但对热处理较敏感，有回火脆性倾向，长期运行后容易脆化，即硬度增高韧性降低。持久塑性较差，缺口敏感性也较大。在蒸汽介质中耐蚀性差	550
20Cr1Mo1V1	1000℃淬火 700℃回火	该钢性能优于 25Cr2Mo1V，在 565～570℃ 有较高的热强性能和抗松弛性能，该钢经过 540℃、9.81MPa 条件下运行约 6.4 万 h 后，钢的强度、塑性略有下降，室温冲击韧性下降较多，但水平仍然很高，未表现出明显脆化	550

续表

钢　号	热处理工艺	特　　　点	最高使用温度/℃
20Cr1Mo1V NbTiB	1020~1040℃油冷 700~720℃回火 不少于6h后空冷	持久强度高、持久塑性好、抗松弛性能好，热脆倾向小，缺口敏感性低。但该钢经常出现晶粒粗大现象，以至于影响力学性能。为防止产生粗晶，应尽量采用较低的锻造加热温度，严格控制终锻温度，并保证有足够的锻造比	570
20Cr1Mo1V TiB	1030~1050℃油冷 700℃回火6h	是与20Cr1Mo1VNbTiB钢相类似的高温螺栓钢。具有高的抗松弛性能、热强性能和良好的持久塑性，缺口敏感性低。淬透性好，沿截面有较均匀的力学性能	570
2Cr12NiMo WV(C-422)	1020~1070℃油冷或空冷 680℃以上空冷	是强化的12%Cr型马氏体耐热不锈钢。钢中加入了钨、钼、钒多种强化元素，使热强性较高，综合力学性能好，具有良好的减振性、抗松弛性能和工艺性能。缺口敏感性低	570
R-26	1024℃油或水冷 816℃20h、冷却到 732℃20h空冷	属镍铬钴铁混合基沉淀硬化型高温合金，具有高的持久强度和抗松弛性能	677

注　最高使用温度是用作螺栓时的最高使用温度，如用作螺母，可高于表列温度30~50℃。

工作温度在400℃以下的螺栓，一般采用35、45钢制造，也可以用35SiMn钢。35SiMn钢有良好的韧性、较高的强度和耐磨性，疲劳强度也较好，价格低廉，但有一定程度的过热敏感倾向及回火脆性倾向，热处理时需注意。35SiMn钢用于制造中压以下汽轮机的紧固件。

35CrMo钢用于制造480℃以下的螺栓。它有较高的热强性和组织稳定性，有较高的抗松弛能力。经850℃油冷和560℃回火处理后使用，其组织为回火索氏体。

25Cr2MoVA钢和25Cr2Mo1VA钢属于中碳珠光体耐热钢。其综合力学性能良好，有较高的抗松弛性能，冷、热加工性能也较好。但这两种钢在高温下长期使用均易脆化，会产生网状晶界组织，使硬度升高，韧性下降。25Cr2MoVA钢一般用于制造工作温度在510℃以下的螺栓，与之相匹配的螺母用35CrMo钢制造。由于25Cr2Mo1VA钢的Cr、Mo、V含量比25Cr2MoVA钢高，因此具有更高的抗松弛性和热强性，允许螺栓使用温度为550℃，与之匹配的螺母用25Cr2MoVA钢制造。

25Cr2MoVA钢的热处理工艺为920~940℃油冷，640~690℃回火。25Cr2Mo1VA钢有两种热处理工艺，其一是950~980℃空冷，680℃6h回火；其二是1030~1050℃空冷，950~970℃空冷，680℃6h回火后空冷。后一种热处理工艺第一次正火选择较高的加热温度，其目的是使钒的碳化物能充分溶于奥氏体中，提高钢的合金化程度，从而提高了钢的耐热性和抗松弛性能；第二次正火的目的是细化晶粒，以提高钢的塑性和韧性。钢的热处理工艺不同，材料的抗松弛性能也不同。

20Cr1Mo1V1钢的性能优于25Cr2Mo1VA，具有较高的强度、高的热强性和抗松弛性能。该钢经过540℃、9.81MPa条件下运行约6.4万h后，钢的强度、塑性略有下降，室温冲击韧性下降较多但仍然很高，未表现出明显脆化，用于制造工作温度在550℃以下的螺栓。

20Cr1Mo1VTiB（2号螺栓钢）钢和20Cr1Mo1VNbTiB（1号螺栓钢）钢是我国自行研制的更高温度下工作的螺栓用钢。这两种钢克服了25Cr2Mo1V钢的热脆性。钢中除了含有铬、钼、钒等起固溶强化和弥散强化作用的合金元素外，还含有铌、钛、硼这些细化晶粒和强化晶界的元素，因此具有良好的综合力学性能，即持久强度高、持久塑性好、抗松弛性能好，热加工性能良好，组织稳定。但该类钢易出现晶粒粗大及套晶组织（在一个宏观粗晶里包含许多细小的晶粒）。这种组织会使钢的力学性能下降，不利于高温螺栓的安全运行。20Cr1Mo1VTiB钢和20Cr1Mo1VNbTiB钢一般用于制作570℃以下的高温螺栓。

2Cr12NiMoWV（C-422）钢，是强化的12％Cr型马氏体耐热钢，钢中加入了钨、钼、钒多种强化元素，由此热强性较高，综合力学性能好，具有良好的减振性，广泛用于制造540℃以下的螺栓，最高可用于制造使用温度570℃的螺栓。

Refractaloy26（R-26）钢系镍铬钴铁混合基沉淀硬化型高温合金，具有高的持久强度和抗松弛性，可用作制造大型汽轮机螺栓、汽封弹簧片等零件，使用温度不超过677℃。R-26钢为美国钢号。

三、螺栓的失效分析

螺栓在高温下运行时，经受温度、应力和环境介质的联合作用，会产生多种失效形式。螺栓的断裂则是最常见、破坏性最大的失效形式。

（一）螺纹咬死

螺栓在高温长期运行后，螺栓和螺母螺纹会胀卡住，用通常的松紧方法不能转动螺母，如用过大的扭矩硬扳就会造成螺纹拉毛，甚至断裂。螺纹咬死是高温下螺栓失效的最普遍现象。其原因如下：

（1）螺栓和螺母在高温下长期运行，在螺纹挤压表面形成坚硬的氧化皮，松螺母时，氧化皮被挤破，造成螺纹拉毛而卡涩，当氧化皮填满螺纹间隙时，就会咬死。防止措施：紧固螺栓前涂以润滑剂及选用抗氧化能力较强的材料，如C-422钢；螺栓和螺母选用不同材料。

（2）螺纹加工质量差、表面粗糙和螺纹间隙过小是螺纹咬死的常见原因。防止措施：螺纹研磨抛光、增大螺纹螺距和增大中径间隙。

（3）检修时，没有对螺纹进行清理研磨，保留在螺纹处的氧化皮、堆积的黑铅粉均能造成咬死。防止措施：检修中应对已用过的螺栓和螺母螺纹进行清理或研磨，螺纹处润滑剂不宜涂得过厚，应用压缩空气吹去多余的粉末。

（二）脆性断裂

一般发生于启动或装拆螺栓时，断口为脆性断口。其原因是螺栓材料具有脆性，或在高温长期运行中产生了热脆性。螺栓在高温下长期运行后，材料的常温冲击韧性和塑性下降的现象称为热脆性。这种情况主要发生在低合金Cr-Mo-V钢中。但在工作温度下这种具有脆性的螺栓的高温冲击韧性仍保持较高水平。

具有热脆性材料的金相组织特征：在材料的原奥氏体晶界出现了黑色网状晶界（用硝酸和苦味酸酒精溶液浸蚀），形成裂纹的走向往往是沿晶的。其原因主要是低合金Cr-Mo-V钢在工作温度下长期运行过程中，铁素体中磷等杂质逐渐向原奥氏体晶界偏聚，同时伴有富钼的M_6C的碳化物在原奥氏体晶界形成。

钢的热脆性程度和原始组织类型有关。具有位向排列的回火贝氏体组织，热脆性明显。晶粒越粗大或硬度越高，则热脆性倾向越大。铁素体-珠光体组织基本没有热脆性倾向，组织稳定。因此采用较低的奥氏体化温度对降低低合金Cr-Mo-V钢的热脆敏感性是有效的。

可用重新热处理的方法消除螺栓的热脆性，恢复螺栓的韧性。对25Cr2Mo1V钢热脆性螺栓的恢复性热处理工艺为 $950\sim980℃$ 空冷，$680℃6h$ 回火。进行恢复性热处理时应注意采取措施防止氧化、脱碳和变形。

图 8-5 为某机组汽缸螺栓在运行 7 年后，因材质脆化而断裂的形貌。图 8-5（a）为断口形貌，断口平整，呈粗晶型脆性断口；图 8-5（b）为显微组织，为回火索氏体和贝氏体，晶界有沉淀物，呈黑色网状；图 8-5（c）为显微裂纹沿晶界发展的情况。

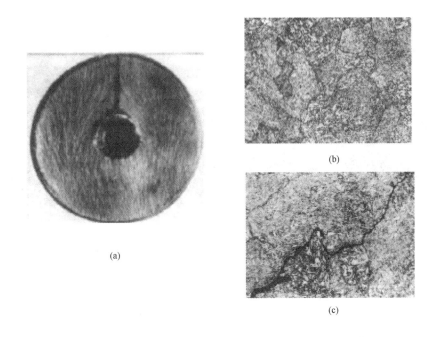

（a）断口形貌；（b）显微组织（200×）；（c）显微裂纹沿晶界发展的情况（270×）

图 8-5　螺栓脆断形貌及显微特征

（三）蠕变损伤

所有的高温螺栓在长期运行中均会发生长度伸长的蠕变现象。螺栓的蠕变包括三部分：螺栓的弯曲和剪切型蠕变；螺栓螺杆部分的均匀伸长；螺纹牙底的缺口蠕变。其中螺纹牙底的蠕变危害最大。蠕变裂纹多产生于螺母支撑面临近的第一圈螺纹根部，此处应力最大，断口为沿晶蠕变断裂。

在高温下强度低的螺栓容易产生蠕变裂纹，但也不能为减少蠕变损伤而不断提高螺栓的强度，这样低合金 Cr-Mo-V 钢的脆性又会增加。此外，预紧力偏高是螺栓产生蠕变损伤的重要原因，应在保证气密性的条件下，尽量使用低的预紧力，减少紧力偏差。

（四）疲劳断裂

当高温螺栓受到脉冲应力作用时会产生疲劳裂纹。疲劳断裂主要发生于调速汽门螺栓。这是由于调速汽门的经常开闭和汽流冲击引起的振动，使螺栓承受动应力，在应力集中处产生疲劳裂纹。机组频繁启停，高温螺栓还会受到低周热疲劳损伤。

当螺栓组中紧力相差较大时，紧力大的螺栓容易疲劳断裂。疲劳裂纹一旦产生，该螺栓紧力将逐渐下降，而附近螺栓的紧力上升。

防止螺栓疲劳断裂的措施如下：提高螺栓的加工精度和表面质量；降低螺栓组的紧力偏差和预紧力；采用细腰柔性螺栓；采用圆弧螺纹牙底降低应力集中。

（五）中心孔烧伤

装拆螺栓时，用氧-乙炔火焰加热中心孔，令孔壁局部超温造成损伤，有的出现淬硬组织，严重时孔壁过烧，甚至熔化，孔壁产生网状裂纹，晶粒粗大，晶界氧化。

螺栓的断口特征：裂纹源在中心孔处，中心孔的老裂纹区氧化严重，断口外圆圈为瞬断区，断面较新，因为往往在拆卸过程中拧断螺栓。

图 8-6 为一螺栓在热紧时采用火焰加热，导致中心孔局部熔化、材料严重过烧和过热的形貌。图 8-6（a）为中心孔烧损形貌。图 8-6（b）为过烧区组织（贝氏体、马氏体、沿晶界的铁素体网络）。

(a)　　　　　　　　　　　　　　　　(b)

图 8-6　螺栓因加热不当中心孔烧损的形貌

(a) 中心孔烧损形貌；(b) 过烧区组织

预防中心孔热损伤的方法就是不要使用氧-乙炔火焰加热螺栓。用电加热器加热时应防止加热器和孔壁短路而烧伤孔壁，加热温度不应超过螺栓的工作温度。

第五节　电厂凝汽器管的选材

冷凝器管子内通过冷却水，使管外的蒸汽得以冷却凝结为水。由于它的构造和工作条件，对材料提出以下要求：①传热好，以使凝汽器有比较高的冷却效率。②有一定强度。③抗蚀性好。在采用正确的维护措施的条件下，不出现管材的严重腐蚀和泄漏，使用寿命能在 20 年以上。

多年来，我国火电厂的凝汽器管，由于选用的材料与冷却水水质不相适应而造成早期腐蚀、泄漏现象常有发生。如 20 世纪 50 年代，在中等含盐量的水中采用 H68 黄铜管，出现了严重的脱锌腐蚀。后来，一些火电厂在含悬浮物的淡水中选用铝黄铜管，又引起了许多铝黄铜管发生严重的冲击腐蚀。还有些火电厂，在含砂量高的海水中选用 B10 白铜管，投运 1 年就有上百根管出现泄漏。这些事故，给火电厂的安全经济运行造成许多不应有的损失。实践证明，火电厂凝汽器管材的正确选用，对有效地提高汽轮机效率和运行经济性以及延长设备寿命，具有重要意义。

凝汽器管材多数为铜合金，在某些条件下也采用纯钛或不锈钢。目前国产凝汽器管材主要有含砷的普通黄铜管、锡黄铜管、铝黄铜管和白铜管等。下面介绍黄铜管和白铜管。

1. 黄铜管

凝汽器管材有含砷普通黄铜 H68A、锡黄铜管 HSn70-1、HSn70-1B、HSn70-1AB，铝黄铜管 HA177-2 等。

2. 白铜管

凝汽器管材有 BFe30-1-1、BFe10-1-1 等。

除上述的凝汽器管材外，目前还有可供选用的国产钛管 TA0、TA1、TA2。

冷却水水质和流速是选择凝汽器管材的重要依据。表 8-7 为国产凝汽器管材的化学成分。表 8-8 为国产不同材质凝汽器管所适用的水质及允许流速。

表 8-7　　　　　　　　　　国产凝汽器管材的化学成分

牌　号	主　要　成　分/%														其他	
	Cu	Al	Sn	As	B	Ni	Mn	Zn	Ti	Fe	C	N	H	O	单一	总和
H68A	67.0~70.0			0.30~0.06				余量								
HSn70-1	69.0~71.0		0.8~1.3	0.03~0.06				余量								
HSn70-1B	69.0~71.0		0.8~1.3	0.03~0.06	0.0015~0.02			余量								
HSn70-1AB	69.0~71.0		0.8~1.3	0.03~0.06	0.0015~0.02	0.05~1.00	0.02~2.00	余量								
HA177-2	76.0~79.0	1.8~2.3		0.03~0.06				余量								
BFe30-1-1	余量					29.0~32.0	0.5~1.2			0.5~1.0						
BFe10-1-1	余量					9.0~11.0	0.5~1.0			1.0~1.5						
TA0									余量	≤0.15	≤0.10	≤0.03	≤0.015	≤0.15	≤0.1	≤0.4
TA1									余量	≤0.25	≤0.10	≤0.03	≤0.015	≤0.20	≤0.1	≤0.4
TA2									余量	≤0.30	≤0.10	≤0.05	≤0.015	≤0.25	≤0.1	≤0.4

表 8-8　　　　　　　　国产不同材质凝汽器管所适用的水质及允许流速

管材	溶解固形物/(mg/L)	[Cl$^-$]/(mg/L)	悬浮物和含砂量/(mg/L)	允许流速/(m/s)	
				最低	最高
H68A	<300　短期<500	<50　短期<100	<100	1.0	2.0
HSn70-1	<1000　短期<2500	<150　短期<400	<300	1.0	2.2
HSn70-1B	<3500　短期<4500	<400　短期<800	<300	1.0	2.2
HSn70-1AB	<4500　短期<5000	<2000	<500	1.0	2.2
BFe10-1-1	<5000　短期<8000	<600　短期<1000	<100	1.4	3.0
HA177-2①	<35000　短期<40000	<20000　短期<25000	<50	1.0	2.0
BFe30-1-1	<35000　短期<40000	<20000　短期<25000	<1000	1.4	3.0
钛	不限	不限	<1000		不限

① HA177-2 只适合于水质稳定的清洁海水。

　　火电厂采用铜合金管，耐海水腐蚀性能差，特别是对含硫化物和受大量泥沙污染的海水，凝汽器的腐蚀、泄漏极为严重，使用寿命只有 1～3 年，有的甚至使用不到两个月便发生泄漏。硫酸亚铁成膜处理是提高铜合金管耐蚀性能的手段。H68A 和 HSn70-1 管在采用硫酸亚铁成膜处理后，允许的悬浮物含量可提高到 500～1000mg/L。HSn70-1 管允许的溶解固形物含量可提高到 1500mg/L，氯离子含量可提高到 200mg/L。

　　在选用凝汽器铜合金管时，对空抽区布置在中间部位的凝汽器以及空抽区铜管已有氨蚀的凝汽器，其真空区宜采用 BFe10-1-1、BFe30-1-1 或不锈钢管。

　　钛管对硫化物、氯化物和氨具有较好的耐蚀性，耐冲刷腐蚀性也较强，在海水甚至在含硫化物污染的海水中，在水速高达 20m/s 和含砂量达 40g/L 的条件下，均具有优良的耐蚀性。同时，钛在海水中的抗应力腐蚀和抗腐蚀疲劳性能也很好。钛的这些优异的抗腐蚀性是铜合金所无法相比的。采用海水或咸水冷却的凝汽器宜使用钛管，受污染的海水、悬浮物含量高或污染严重的水，应使用钛管。钛是一种理想的火电厂凝汽器管材，其使用寿命可达30 年以上。

　　对于确认水质会长期遭受污染或有恶化趋势，而又无法改善时，可选择适合水质条件的不锈钢管。对不锈钢 TP304、TP316 和 TP317 等，推荐在相应的含 $[Cl^-]$ 量小于 200、1000、5000mg/L 的水质中使用。表 8-9 为常用的不锈钢凝汽器管适用水质的参考标准。

表 8-9　常用的不锈钢凝汽器管适用水质的参考标准

$[Cl^-]/(mg/L)$	美　　国	德　　国
＜200	TP304、TP304L、TP430	
＜500		X5CrNi1810
＜1000	TP316、TP316L	
＜2000		X2CrNiMo17122
＜5000	TP317、TP317L	
＜10000		X1CrNiMoCu25205
海水	AL-6X、AL-6XN	

　　不锈钢管作冷却管材的显著特点是抗汽侧带水滴汽流的冲击侵蚀、抗冷却水中硫化氢的腐蚀，因此早在 20 世纪 40 年代美国就在凝汽器管束外缘及空冷区冷却管选材中采用不锈钢管，随后在法国、德国等西欧国家的凝汽器中也应用不锈钢管。我国在 1995 年以前，由于不锈钢材料昂贵及薄壁管生产工艺不过关等原因，淡水冷却凝汽器一直未采用不锈钢管。近年来随着不锈钢价格大幅度下降，焊接薄壁管生产工艺日趋成熟，为薄壁不锈钢管在凝汽器中的应用开辟了广阔前景。不锈钢管耐污染水质腐蚀，延长了使用寿命，是解决铜合金管不耐污染水质腐蚀的一种有效手段。

　　使用铜合金时，应特别注意过低流速和过高流速的影响。流速过低会造成悬浮物等在铜合金管内的沉积，易引起铜合金管的沉积物下腐蚀；流速过高会造成铜合金管的冲刷腐蚀。采用钛管或不锈钢管时，应保证足够的流速，并采取完善的加氯处理、胶球清洗等措施，以保证所需的清洁度。

复 习 思 考 题

1. 为什么常用 13%Cr 型马氏体钢作汽轮机叶片材料？
2. 叶片短期疲劳断裂一般有哪些特征？
3. 叶片组织中存在铁素体组织有什么缺点？
4. 对汽轮机转子用钢有哪些要求？汽轮机转子主要选用什么钢？

5. 如何选择静子的材料？静子常见事故有哪些？

6. 为什么叶轮的键槽底部圆角处容易产生裂纹？

7. 螺栓主要选用什么材料？螺栓易产生何种形式的破坏？如何防止？

8. 螺栓材料具有铁素体-珠光体组织时，基本没有热脆倾向，为什么常用的螺栓材料却不采用这种组织？

9. 为什么采用细腰柔性螺栓能减少疲劳断裂？（细腰柔性螺栓即螺柱小于螺纹外径的螺栓）

10. 电厂凝汽器管常选用哪些材料？

第九章　火电厂金属技术监督

火电厂的金属技术监督（简称金属监督）是确保火电厂重要管道和部件的运行安全、改善和提高热力设备的运行可靠性和经济性的重要手段。金属监督的任务是执行 DL 438—2016 标准，对重要管道和部件的材质、焊接质量、组织性能变化及缺陷发展情况进行监督，防止爆管和断裂事故的发生；采取先进的诊断或在线检测技术，及时准确地掌握和判断金属部件的寿命损耗程度和损伤状况。此外，对受监部件的事故进行调查和原因分析，从而采取相应的改善或防止的有效措施。

DL 438—2016《火力发电厂金属技术监督规程》规定，金属监督的范围如下：

（1）工作温度高于等于 400℃ 的高温承压部件（含主蒸汽管道、高温再热蒸汽管道、过热器管、再热器管、集箱和三通），以及与管道、集箱相连的小管。

（2）工作温度高于等于 400℃ 的导汽管、联络管。

（3）工作压力高于等于 3.8MPa 锅筒和直流锅炉的汽水分离器、储水罐和压力容器。

（4）工作压力高于等于 5.9MPa 的承压汽水管道和部件（含水冷壁管、省煤器管、集箱、减温水管道、疏水管道和主给水管道）。

（5）汽轮机大轴、叶轮、叶片、拉金、轴瓦和发电机大轴、护环、风扇叶。

（6）工作温度高于等于 400℃ 的螺栓。

（7）工作温度高于等于 400℃ 的汽缸、汽室、主汽门、调速汽门、喷嘴、隔板、隔板套和阀壳。

（8）300MW 及以上机组带纵焊缝的低温再热冷段蒸汽管道。

（9）锅炉钢结构。

一、重要管道和部件的监督

（一）蒸汽管道的监督

对于蒸汽温度不小于 450℃、压力不小于 6MPa 的蒸汽管道、主蒸汽母管、导汽管、再热蒸汽管道以及过热蒸汽联箱等，需要对它们进行必要的监督。蒸汽管道金属监督的主要内容如下：

（1）检验蒸汽管道的钢种，以免错用钢号。

（2）测量蠕变变形，进行蠕变监督。

（3）运行过程中组织性能变化检验，以及超过设计运行期限的材质鉴定。

（4）金属事故分析。

（5）焊缝缺陷检查。

蠕变监督标准：12CrMo、15CrMo 和 12Cr1MoV 钢主蒸汽管道，当实测蠕变相对变形量达到 1% 或蠕变速度大于 0.35×10^{-5}%/h 时应进行材质鉴定；除 12CrMo、15CrMo 和 12Cr1MoV 三种钢种外，其余合金钢主蒸汽管道、高温再热蒸汽管道，当蠕变相对变形量达 1% 或蠕变速度大于 1×10^{-5}%/h 时应进行材质鉴定；低合金耐热钢主蒸汽管道的相对蠕变变形量达 2% 时更换管子。

蒸汽管道的更换和判废标准见表 9-1。

（二）过热器管子的监督

为了确保过热器管的安全运行，防止爆管事故的发生，应对蒸汽温度不低于 450℃ 的锅炉过热器管进行定期的监督检验工作。过热器管子监督检验的主要工作如下：

（1）安装和检修换管时鉴定钢管的钢种，以保证不错用钢材。

（2）过热器管的管径蠕变变形测量。

（3）组织性能变化检验。

当合金钢过热器管外径蠕变变形大于 2.5%，外表面氧化皮厚度超过 0.6mm，管子外表面有宏观裂纹等情况时，应及时更换（见表 9-1）。

表 9-1　　火电厂金属部件更换和判废标准（DL 438—2016）

主蒸汽管道、再热蒸汽管道	（1）已运行 20 万 h 的 12CrMoG、15CrMoG、12Cr1MoVG、12Cr2MoG（2.25Cr-1Mo、P22、10CrMo910）钢制蒸汽管道，经检验符合下列条件，直管段一般可继续运行至 30 万 h。 1）实测最大蠕变应变小于 0.75% 或最大蠕变速度小于 0.35×10^{-5}%/h。 2）监督段金相组织未严重球化（即未达到 5 级）。12CrMoG、15CrMoG 钢的珠光体球化评级按 DL/T 787 执行，12Cr1MoVG 钢的珠光体球化评级按 DL/T 773 执行，12Cr2MoG、2.25Cr-1Mo、P22 和 10CrMo910 钢的珠光体球化评级按 DL/T 999 执行。 3）未发现严重的蠕变损伤。 （2）12CrMoG、15CrMoG、12Cr1MoVG、12Cr2Mo 和 15Cr1MolV 钢制蒸汽管，当蠕变应变达到 0.75% 或蠕变速度大于 0.35×10^{-5}%/h，应割管进行材质评定和寿命评估。 （3）运行 20 万 h 的主蒸汽管道、再热蒸汽管道，经检验发现下列情况之一时，应及时处理或更换： 1）自机组投运以后，一直提供蠕变测量数据，其蠕变应变达 1.5%。 2）一个或多个晶粒长的蠕变微裂纹
受热面管子	当发现下列情况之一时，应及时更换管段： （1）管子外表面有宏观裂纹和明显鼓包。 （2）高温过热器管和再热器管外表面氧化皮厚度超过 0.6mm。 （3）低合金钢管外径蠕变应变大于 2.5%，碳素钢管外径蠕变应变大于 3.5%，T91、T122 类管子外径蠕变应变大于 1.2%，奥氏体耐热钢管蠕变应变大于 4.5%。 （4）管子腐蚀减薄后的壁厚小于按 GB/T 16507.4 计算的管子最小需要厚度。 （5）金相组织检验发现晶界氧化裂纹深度超过 5 个晶粒或晶界出现蠕变裂纹。 （6）奥氏体耐热钢管及焊缝产生沿晶、穿晶裂纹，特别要注意焊缝的检验
螺栓	更换与报废 （1）对运行后检验发现的硬度超标或金相组织有明显黑色网状奥氏体晶界的螺栓应进行更换，更换下的螺栓可进行恢复热处理，检验合格后可继续使用。 （2）对已进行解剖试验工作的螺栓组，应根据解剖试验结果进行相应处理。 （3）符合下列条件之一的螺栓应报废： 1）螺栓的蠕变变形量达到 1%； 2）已发现裂纹； 3）外形严重损伤，不能修理复原； 4）螺栓中心孔局部烧伤熔化； 5）晶粒度超标

（三）高温紧固件的监督

根据对高温螺栓损坏情况的分析，高温新螺栓和重新热处理的螺栓除力学性能应满足火力发电厂金属技术监督规程中有关规定外，还应对螺栓的结构形式和质量、热紧加热方法、预紧力大小、安装质量、材质和运行中的组织性能变化进行监督。

火力发电厂金属技术监督规程规定：新制高温螺栓采用等强细腰结构，应符合国标规定。螺纹、螺杆粗糙度不低于 $\frac{6.3}{}$ ～ $\frac{3.2}{}$ 。汽缸螺栓和中心孔较大的其他螺栓在热紧时，宜采用电热元件或热风器，禁止用火嘴直接加热。螺栓预紧力一般不大于 250MPa（汽缸螺栓按制造厂规定）。在安装螺栓时，螺母下面应加弹性或塑性变形垫圈、锥面或球面垫圈、套筒等，以补偿螺杆或法兰面偏斜，消除附加弯曲应力。

高温螺栓连接的螺母材料一般应比螺栓材料低一级，硬度小（20～50HBS），使用前应100％进行钢号的光谱复核；M32以上的高温螺栓还必须进行100％的硬度检查和无损擦伤。每次大修时，应对不小于M32的高温螺栓进行无损探伤和硬度检查。检查结果应符合火力发电厂金属技术监督规程中的规定，不符合规定时，应进行更换，更换下来的螺栓可进行恢复热处理。螺栓的更换和报废标准见表9-1。

（四）其他重要部件的监督

锅炉汽包除按规定水温进行水压试验外，在启动、运行、停炉过程中还要严格控制汽包壁升温、降温速度，最主要的监督是每次大修时对其内壁，特别是应力集中的部位（如人孔和管孔周围、筒体和封头连接处）、大口径下降管焊缝及其他焊缝加强检查，必要时应进行无损探伤；发现裂纹或缺陷超标时，应立即处理。

高温过热器出口联箱、减温器联箱和集汽联箱在长期运行后应加强检查，必要时也应进行无损探伤。汽轮机叶片、叶轮、主轴和发电机护环等高速转动部件，每次大修时应做外观检查，必要时还需进行无损探伤，如发现裂纹要及时处理。大型汽轮机在进行超速试验时，主轴温度不得低于其材料的脆性转变温度。100MW以上的汽轮机和发电机主轴，在运行 10^5 h后还应对其中心孔进行检查。

大型铸钢件（如汽缸、蒸汽室、主汽门等）在每次大修时应进行内外表面裂纹检查，发现裂纹应及时处理，以后还应定期检查。

二、缺陷检查方法

钢在铸造、锻轧、焊接时都会形成缺陷。缺陷的存在会使工件的有效截面减小，在高温运行中会造成应力集中，导致缺陷扩大和裂纹产生。同时，腐蚀介质也可能侵入缺陷，致使腐蚀速度加快。

缺陷检测方法为无损检测。一般是先用肉眼或放大镜进行观察（即宏观检验），以发现较大的缺陷，然后用射线探伤、超声波探伤、渗透探伤、磁粉探伤及涡流检测等仪器检测方法检查细微缺陷。

（一）射线探伤

射线探伤包括X射线探伤和γ射线探伤。

射线探伤是利用射线能穿透物质并在物质中被吸收衰减以及能使照相胶片发生感光作用来发现被检物体内部缺陷的一种探伤方法。物体中有缺陷时，有缺陷部位对射线的衰减不一样（即物质密度不一样）导致底片黑度不一样，由此可判断缺陷的种类、大小、数量。

射线探伤法主要用于检验焊缝和铸钢件的内部缺陷。射线检测对气孔、夹渣等体积状缺陷比较敏感，对裂纹、未熔合等面状缺陷，只有与裂纹延伸方向平行的射线照射时才能检出，而同裂纹面几乎垂直的射线照射时，由于照射方向上的厚度差很小，几乎无法检出缺陷。

目前，X射线能穿透80mm厚的钢件，γ射线可穿透300mm左右厚度的钢件。

（二）超声波探伤

超声波能在金属中定向传播，当超声波传到缺陷、被检物底面或异质界面时会发生反射或衰减，因而可利用超声波对金属材料进行探伤。

超声波探伤常用的方法为脉冲反射法。脉冲反射法是将超声波射入被检物体的一面，然后在同一面接受底面反射波和缺陷反射波，根据反射波来确定缺陷情况。当工件内部无缺陷时，从探头中的压电晶片发射出的超声波直接被底面反射，使示波屏上只呈现一个始脉冲的信号和底脉冲的信号；而当遇到缺陷时，由于超声波反射，则在示波屏上除原有的始、底脉冲信号外，其间还呈现缺陷脉冲信号。

超声波探伤对裂纹、未熔合、分层等平面型缺陷比较敏感，而对于球型缺陷如单个气孔检出率比较低，只有在缺陷相当大、较密集或发射角度相当合适时才能检出。在火电厂中主要用这种方法来检查形状较简单的零件如汽轮机叶片、螺栓等的缺陷及焊缝中的裂纹等。

（三）磁粉探伤

磁粉探伤是将钢铁等强磁性材料磁化后，利用缺陷部位所发生的磁极能吸附磁粉的探伤方法。

磁粉探伤的基本原理：被检工件（只能是磁性材料）在外加磁场作用下磁化，在工件表面均匀喷洒配制好的液体细磁粉，磁粉一般用Fe_3O_4和Fe_2O_3。假如被检工件表面或近表面不存在缺陷，磁化后的工件可看成磁导率无变化的均匀体，则磁粉在工件上均匀分布。当被检工件表面或近表面有缺陷时，因磁导率变化，工件表面或附近表面产生漏磁场，形成一个小NS磁极，磁粉便会被吸附在缺陷处，从而显示出缺陷。

磁粉检测适用于钢铁材料表面和近表面缺陷的检测。磁粉检测无法检测缺陷的深度，且无法检测有色金属及奥氏体不锈钢等非铁磁性材料。在火电厂中，磁粉探伤主要用于汽轮机叶片、管道弯头外表面、某些焊缝外表面及轴类表面的检查。

（四）渗透探伤

渗透探伤是用黄绿色的荧光渗透液或者红色的着色渗透液来显示放大的缺陷图像的痕迹，从而能够用肉眼检查试件表面的开口缺陷的方法。

按照不同的色调，渗透探伤法大致可分为荧光渗透探伤法和着色渗透探伤法两种。

荧光渗透探伤法是采用含有荧光物质的渗透液来进行渗透探伤的方法。显像观察时，用波长为360nm左右的紫外线光进行照射，使缺陷显示痕迹发出黄绿色的光。

着色渗透探伤法是采用含有红色染料的渗透液来进行渗透探伤的方法。显像观察时，用自然光或在白光下用肉眼观察红色的显示痕迹。与荧光渗透探伤法相比，它不大受探伤场所、电源和探伤装置等条件的限制。

渗透探伤法是一种表面缺陷探伤方法，适用于各种材料（如钢铁材料、有色金属、陶瓷材料、塑料等）及各种形状复杂的部件表面开口缺陷的检测。渗透探伤法可以确定缺陷的位置和分布，不能判断缺陷的内部尺寸。

（五）涡流检测

涡流检测是使导电的试件内发生涡电流（即涡流），通过测量涡流的变化量，来进行试件的无损检测以及材质的检验和形状尺寸的测试等。

由于导体中产生的涡流具有集肤效应，即在导体的表面电流较多，随着向内部的深入，电流按指数函数减少。所以，涡流检测适用于导电材料表面和近表面缺陷的检测，在火电厂中主要用于原材料的检测。

复 习 思 考 题

1. 对热力设备的重要管道和部件，为什么要进行金属监督？
2. 金属监督的范围是什么？
3. 对蒸汽管道的监督内容有哪些？
4. 无损探伤方法有哪些？

附　　录
附录 A　压痕直径与布氏硬度对照表

压痕直径	在下列载荷（kgf）下布氏硬度值			压痕直径	在下列载荷（kgf）下布氏硬度值		
d_{10}/mm	$30D^2$	$10D^2$	$2.5D^2$	d_{10}/mm	$30D^2$	$10D^2$	$2.5D^2$
2.00	(945)	(316)		3.38	325	108	27.1
2.05	(899)	(300)		3.40	321	107	26.7
2.10	(856)	(286)		3.42	317	106	26.4
2.15	(817)	(272)		3.44	313	104	26.1
2.20	(780)	(260)		3.46	309	103	25.8
2.25	(745)	(248)		3.48	306	102	25.5
2.30	(712)	(238)		3.50	302	101	25.2
2.35	(682)	(228)		3.52	298	99.5	24.9
2.40	(653)	(218)		3.54	295	98.3	24.6
2.45	(627)	(208)		3.56	292	97.2	24.3
2.50	601	200		3.58	288	96.1	24.0
2.55	578	198		3.60	285	95.0	23.7
2.60	555	185		3.62	282	93.9	23.5
2.65	534	178		3.64	278	92.8	23.2
2.70	514	171		3.66	275	91.8	22.9
2.75	495	165		3.68	272	90.7	22.7
2.80	477	159		3.70	269	89.7	22.4
2.85	461	154		3.72	266	88.7	22.2
2.90	444	148		3.74	263	87.7	21.9
2.95	429	143		3.76	260	86.8	21.7
3.00	415	138	34.6	3.78	257	85.8	21.5
3.02	409	136	34.1	3.80	255	84.9	21.2
3.04	404	134	33.7	3.82	252	84.0	21.0
3.06	398	133	33.2	3.84	249	83.0	20.8
3.08	393	131	32.7	3.86	246	82.1	20.5
3.10	388	129	32.3	3.88	244	81.3	20.3
3.12	383	128	31.9	3.90	241	80.4	20.1
3.14	378	126	31.5	3.92	239	79.6	19.9
3.16	373	124	31.1	3.94	236	78.7	19.7
3.18	368	123	30.7	3.96	234	77.9	19.5
3.20	363	121	30.3	3.98	231	77.1	19.3
3.22	359	120	29.9	4.00	229	76.3	19.1
3.24	354	118	29.5	4.02	226	75.5	18.9
3.26	350	117	29.2	4.04	224	74.7	18.7
3.28	345	115	28.8	4.06	222	73.9	18.5
3.30	341	114	28.4	4.08	219	73.2	18.3
3.32	337	112	28.1	4.10	217	72.4	18.1
3.34	333	111	27.7	4.12	215	71.7	17.9
3.36	329	110	27.4	4.14	213	71.0	17.7

压痕直径 d_{10}/mm	在下列载荷（kgf）下布氏硬度值			压痕直径 d_{10}/mm	在下列载荷（kgf）下布氏硬度值		
	$30D^2$	$10D^2$	$2.5D^2$		$30D^2$	$10D^2$	$2.5D^2$
4.16	221	70.2	17.6	4.88	150	50.1	12.5
4.18	209	69.5	17.4	4.90	149	49.5	12.4
4.20	207	68.8	17.2	4.92	148	49.2	12.3
4.22	204	68.2	17.0	4.94	146	48.8	12.2
4.24	202	67.5	16.9	4.96	145	48.4	12.1
4.26	200	66.8	16.7	4.98	144	47.9	12.0
4.28	198	66.2	16.5	5.00	143	47.5	11.9
4.30	197	65.5	16.4	5.05	140	46.5	11.6
4.32	195	64.9	16.2	5.10	137	45.5	11.4
4.34	193	64.2	16.1	5.15	134	44.6	11.2
4.36	191	63.6	15.9	5.20	131	43.7	10.9
4.38	189	63.0	15.8	5.25	128	42.8	10.7
4.40	187	62.4	15.6	5.30	126	41.9	10.5
4.42	185	61.8	15.5	5.35	123	41.0	10.3
4.44	184	61.2	15.3	5.40	121	40.2	10.1
4.46	182	60.6	15.2	5.45	118	39.4	9.9
4.48	180	60.1	15.0	5.50	116	38.6	9.7
4.50	179	59.5	14.9	5.55	114	37.9	9.5
4.52	177	59.0	14.7	5.60	111	37.1	9.3
4.54	175	58.4	14.6	5.65	109	36.4	9.1
4.56	174	57.9	14.5	5.70	107	35.7	8.9
4.58	172	57.3	14.3	5.75	105	35.0	8.8
4.60	170	56.8	14.2	5.80	103	34.3	8.6
4.62	169	56.3	14.1	5.85	101	33.7	8.4
4.64	167	55.8	13.9	5.90	99.2	33.1	8.3
4.66	166	55.3	13.8	5.95	97.3	32.4	8.1
4.68	164	54.8	13.7	6.00	95.5	31.8	8.0
4.70	163	54.3	13.6	6.05	(93.7)		
4.72	161	53.8	13.4	6.10	(92.0)		
4.74	160	53.3	13.3	6.15	(90.3)		
4.76	158	52.8	13.2	6.20	(88.7)		
4.78	157	52.3	13.1	6.25	(87.1)		
4.80	156	51.9	13.0	6.30	(85.5)		
4.82	154	51.4	12.9	6.35	(84.0)		
4.84	153	51.0	12.8	6.40	(82.5)		
4.86	152	50.5	12.6	6.45	(81.0)		

注 1. 压痕直径为 d_{10} 或 $2d_5$ 或 $4d_{2.5}$，其中，下角 10、5、2.5 为钢球直径（单位为 mm）。

2. 1kgf=9.8N。

3. 括号内数值仅供参考。

附录 B 国内外常用钢号对照表

中国 GB	俄罗斯 ГОСТ	美国 ASTM	英国 BS	日本 JIS	法国 NF	德国 DIN
08	08	1008	045M10	S9CK		C10
10	10	1010，1012	045M10	S10C	XC10	C10，CK10
15	15	1015	095M15	S15C	XC12	C15，CK15
20	20	1020	050A20	S20C	XC18	C22，CK22
25	25	1025		S25C		CK25
30	30	1030	060A30	S30C	XC32	
35	35	1035	060A35	S35C	XC38TS	C35，CK35
40	40	1040	080A40	S40C	XC38H1	
45	45	1045	080M46	S45C	XC45	C45，CK45
50	50	1050	060A52	S50C	XC48TS	CK53
55	55	1055	070M55	S55C	XC55	
60	60	1060	080A62	S58C	XC55	C60，CK60
15Mn	15Г	1016，1115	080A17	SB46	XC12	14Mn4
20Mn	20Г	1021，1022	080A20		XC18	
40Mn	40Г	1036，1040	080A40	S40C	40M5	40Mn4
45Mn	45Г	1043，1045	080A47	S45C		
50Mn	50Г	1050，1052	030A52 080M50	S53C	XC48	
65Mn	65Г	1566				
20Mn2	20Г2	1320，1321	150M19	SMn420		20Mn5
20MnV						20MnV6
35SiMn	35СГ		En46			37MnSi5
42SiMn	35СГ		En46			46MnSi4
40MnB		50B40				
45MnB		50B44				
15Cr	15Х	5115	523M15	SCr415（H）	12C3	15Cr3
20Cr	20Х	5120	527A19	SCr420H	18C3	20Cr4
30Cr	30Х	5130	530A30	SCr430		28Cr4
40Cr	40Х	5140	520M40	SCr440	42C4	41Cr4
45Cr	45Х	5145，5147	534A99	SCr445	45C4	
12CrMo	12ХМ		620Cr・B		12CD4	13CrMo44
15CrMo	15ХМ	A-387Cr・B	1653	STC42 STT42 STB42	12CD4	16CrMo44
20CrMo	20ХМ	4119，4118	CDS12 CDS110	STC42 STT42 STB42	18CD4	20CrMo44
25CrMo		4125	En20A		25CD4	25CrMo4
30CrMo	30ХМ	4130	1717COS110	SCM420	30CD4	
35CrMo	35ХМ	4135	708A37	SCM3	35CD4	35CrMo4
12Cr1MoV	12Х1МФ					13CrMoV42
25Cr2Mo1VA	25Х2М1ФА					
20CrV	20ХФ	6120				22CrV4
40CrV	40ХФА	6140				42CrV6

中国 GB	俄罗斯 ГОСТ	美国 ASTM	英国 BS	日本 JIS	法国 NF	德国 DIN
50CrVA	50ХФА	6150	735A30	SUP10	50CV4	50CrV4
15CrMn	15ХГ，18ХГ					
20CrMn	20ХГСА	5152	527A60	SUP9		
30CrMnSiA	30ХГСА					
20CrNi3A	20ХН3А	3316			20NC11	20NiCr14
30CrNi3A	30ХН3А	3325 3330	653M31	SNC631H SNC631		28NiCr10
20MnMoB		80B20				
38CrMoAlA	38ХМЮА		905M39	SACM645	40CAD6. 12	41CrAlMo07
55Si2Mn	55С2Г	9255	250A53	SUP6	55S6	55Si7
60Si2MnA	60С2ГА	9260 9260H	250A61	SUP7	61S7	65Si7
GCr9	ШХ9	E51100 51100		SUJ1	100C5	105Cr4
GCr9SiMn				SUJ3		
GCr15	ШХ15	E52100 52100	534A99	SUJ2	100C6	100Cr6
GCr15SiMn	ШХ15СГ					100CrMn6
ZGMn13	116Г13Ю			SCMnH11	Z120M12	X120Mn12
T7	у7	W1-7		SK7，SK6		C70W1
T8	у8			SK6，SK5		
T8A	у8A	W1-0. 8C			1104Y₁75	C80W1
T10	у10	W1-1. 0C	D1	SK3		
T12	у12	W1-1. 2C	D1	SK2	Y2 120	C125W
T12A	у12A	W1-1. 2C			XC 120	C125W2
9SiCr	9ХС		BH21			90CrSi5
Cr2	X	L3				100Cr6
Cr06	13Х	W5		SKS8		140Cr3
9Cr2	9Х	L				100Cr6
W	В1	F1	BF1	SK21		120W4
Cr12	Х12	D3	BD3	SKD1	Z200C12	X210Cr12
9Mn2V	9Г2Ф	O2			80M80	90MnV8
9CrWMn	9ХВГ	O1		SKS3	80M8	
CrWMn	ХВГ	O7		SKS31	105WC13	105WCr6
3Cr2W8V	3Х2В8Ф	H21	BH21	SKD5	X30WCV9	X30WCrV93
5CrMnMo	5ХГМ			SKT5		40CrMnMo7
5CrNiMo	5ХНМ	L6		SKT4	55NCDV7	55NiCrMoV6
W18Cr4V	Р18	T1	BT1	SKH2	Z80WCV 18-04-01	S18-0-1
W6Mo5Cr4V2	Р6М3	N2	BM2	SKH9	Z85WDCV 06-05-04-02	S6-5-2
W18Cr4VCo5	Р18К5Ф2	T4	BT4	SKH3	Z80WKCV 18-05-04-01	S18-1-2-5
W2Mo9Cr4VCo8		M42	BM42		Z110DKCWV 09-08-04-02-01	S2-10-1-8
1Cr18Ni9	12Х18Н9	302 S30200	302S25	SUS302	Z10CN18. 09	X12CrNi188
0Cr19Ni9	08Х18Н10	304 S30400	304S15	SUS304	Z6CN18. 09	X5CrNi189

续表

中国 GB	俄罗斯 ГОСТ	美国 ASTM	英国 BS	日本 JIS	法国 NF	德国 DIN
00Cr19Ni11	03Х18Н11	304L S30403	304S12	SUS304L	Z2CN19.09	X2CrNi189
0Cr18Ni11Ti	08Х18Н10Т	321 S32100	321S12 321S20	SUS321	Z6CNT18.10	X10CrNiTi189
1Cr17	12Х17	430 S43000	430S15	SUS430	Z8C17	X8Cr17
1Cr13	12Х13	410 S41000	410S21	SUS410	Z12C13	X10Cr13
2Cr13	20Х13	420 S42000	420S37	SUS420J1	Z20C13	X20Cr13
3Cr13	30Х13		420S45	SUS420J2		
0Cr17Ni12Mo2	08Х17Н13М2Т	316 S31600	316S16	SUS316	Z6CND17.12	X5CrNiMo1810
0Cr18Ni11Nb	08Х18Н12Б	347 S34700	347S17	SUS347	Z6CNNb18.10	X10CrNiNb189
1Cr13Mo				SUS410J1		
1Cr17Ni2	14Х17Н2	431 S43100	431S29	SUS431	Z15CN16-02	X22CrNi17
0Cr17Ni7Al	09Х17Н7Ю	631 S17700		SUS631	Z8CNA17.7	X7CrNiAl177
0Cr25Ni20		310S S31008		SUS310S		
2Cr25Ni20	20Х25Н20С2	310 S31000	310S24	SUH310	Z12CN25.20	CrNi2520
2Cr13Ni13	20Х23Н12	309 S30900	309S24	SUH309	Z15CN24.13	

参 考 文 献

［1］ 火力发电厂金属材料手册编委会. 火力发电厂金属材料手册. 北京：中国电力出版社，2001.

［2］ 宋琳生. 电厂金属材料. 4 版. 北京：中国电力出版社，2013.

［3］ 刘胜新. 新编钢铁材料手册. 2 版. 北京：机械工业出版社，2016.

［4］ 李炯辉. 金属材料金相图谱. 2 版. 北京：机械工业出版社，2007.

［5］ 米树华. 火力发电厂金属技术监督工作手册. 北京：中国电力出版社，2017.